中国教育发展战略学会
人工智能与机器人教育专业委员会 规划丛书

人工智能（下）

韩力群　编著

北京邮电大学出版社
www.buptpress.com

图书在版编目（CIP）数据

人工智能.下 / 韩力群编著. —— 北京：北京邮电大学出版社，2020.7

ISBN 978-7-5635-6104-9

Ⅰ.①人…　Ⅱ.①韩…　Ⅲ.①人工智能　Ⅳ.①TP18

中国版本图书馆 CIP 数据核字 (2020) 第 112488 号

书　　　名：人工智能（下）	
编 著 者：韩力群	
责任编辑：孙宏颖	
出版发行：北京邮电大学出版社	
社　　　址：北京市海淀区西土城路 10 号（100876）	
发 行 部：电话：010-62282185　　传真：010-62283578	
E-mail：publish@bupt.edu.cn	
经　　　销：各地新华书店	
印　　　刷：北京玺诚印务有限公司	
开　　　本：787 mm×1 092 mm　1/16	
印　　　张：9.25	
字　　　数：150 千字	
版　　　次：2020 年 7 月第 1 版　2020 年 7 月第 1 次印刷	

ISBN 978-7-5635-6104-9　　　　　　　　　　　　　　　　　定价：45.00 元

"中学人工智能系列教材" 编委会

主　编：韩力群

编　委：（按拼音字母顺序排列）

毕长剑　陈殿生　崔天时　段星光　侯增广

季林红　李　擎　潘　峰　乔　红　施　彦

宋　锐　苏剑波　孙富春　王滨生　王国胤

于乃功　张　力　张文增　张阳新　赵姝颖

"中学人工智能系列教材"序

1956 年的夏天，一群年轻的科学家聚集在美国一个名叫汉诺佛的小镇上，讨论着对于当时的世人而言完全陌生的话题。从此，一个崭新的学科——人工智能，异军突起，开启了她曲折传奇的漫漫征程……

2016 年的春天，一个名为 AlphaGo(阿尔法围棋) 的智能软件与世界顶级围棋高手的人机对决，再次将人工智能推到了世界舞台的聚光灯下。六十载沧桑砥砺，一甲子春华秋实。蓦然回首，人工智能学科已经长成一棵枝繁叶茂的参天大树，人工智能技术不断取得令人叹为观止的进步，正在对世界经济、人类生活和社会进步产生极其深刻的影响，人工智能历史性地进入了全球爆发的前夜。人工智能正在进入技术创新和大规模应用的高潮期、智能企业的开创期和智能产业的形成期，人类正在进入智能化时代！

2017 年 7 月，国务院颁发了《新一代人工智能发展规划》(以下简称《规划》)。《规划》提出：到 2030 年，我国人工智能理论、技术与应用总体达到世界领先水平，成为世界主要人工智能创新中心。为按期完成这一宏伟目标，人才培养是重中之重。对此《规划》明确指出：应逐步开展全民智能教育项目，在中小学阶段设置人工智能相关课程，逐步推广编程教育。

人工智能的算法需要通过编程来实现，而人工智能的优势最适于用智能机器人来展现，三者的关系密不可分。因此，本套 " 中学人工智能系列教材 " 由《人工智能》(上下册)、《Python 与 AI 编程》(上下册) 和《智能机器人》(上下册) 三部分组成。

学习人工智能需要有一定的高等数学和计算机科学知识，学习机器人技术也同样需要有足够的数学、控制、机电等领域的知识。显然，所有这些知识内容都远远超出中小学生 (即使是高中生) 的认知能力。过早地将多学科、多领域交叉的高层次知识呈现在基础知识远不完备的中学生面前，试图用学生听不懂的术语解释陌生的技术原理，这样的学习是很难取得效果的。因此，如何设计中小学人工智能教材的教学内容？如何定位该课程的教学目标？这是在中小学阶段设置人工智能相关课程必须解决的共性问题，需要从事人工智能教学与科研的相关组织进行深入研究并给出可行的解决方案。

我们认为，相比于向学生传授人工智能知识和技术本身，应该更注重加深学生对人工智能各个方面的了解和体验，让学生学习和理解重要的人工智能基本概念，熟悉人工智能编程语言，了解人工智能的最佳载体——机器人。因此，本套丛书中的《人工智能》（上下册）一书重点阐述 AI 的基本概念、基本知识和应用场景；《Python 与 AI 编程》（上下册）讲解 Python 编程基础和人工智能算法的编程案例；《智能机器人》（上下册）论述智能机器人系统的构成和各构成模块所涉及的知识。这几本书相辅相成，共同构成中学人工智能课程的学习内容。

本系列教材的定位为：以培养学生智能化时代的思维方式、科技视野、创新意识和科技人文素养为宗旨的科技素质教育读本。本系列教材的教学目标与特色如下。

1. 使学生理解人工智能是用人工的方法使人造系统呈现某种智能，从而使人类制造的工具用起来更省力、省时和省心。智能化是信息化发展的必然趋势！

2. 使学生理解人工智能的基本概念和解决问题的基本思路。本系列教材注意用通俗易懂的语言、中学相关课程的知识和日常生活经验来解释人工智能中涉及的相关道理，而不是试图用数学、控制、机电等领域的知识讲解相关算法或技术原理。

3. 培养学生对人工智能的正确认知，帮助学生了解 AI 技术的应用场景，体验 AI 技术给人带来的获得感，使学生消除对 AI 技术的陌生感和畏惧感，做人工智能时代的主人。

韩力群

目　录

第六章　　知识表示与推理　　　　　　　　　　　　　　　　1

　　第一节　知识表示　　　　　　　　　　　　　　　　　　4

　　第二节　知识推理　　　　　　　　　　　　　　　　　　13

　　第三节　状态空间搜索策略　　　　　　　　　　　　　　20

　　第四节　推理案例：传教士与野人渡河问题　　　　　　　24

　　第五节　拓展阅读：知识图谱　　　　　　　　　　　　　29

第七章　　机器学习的基本原理　　　　　　　　　　　　　35

　　第一节　人类学习与机器学习　　　　　　　　　　　　　37

　　第二节　机器学习系统的基本构成　　　　　　　　　　　43

　　第三节　机器学习的基本方法　　　　　　　　　　　　　49

第八章　　机器学习的经典算法　　　　　　　　　　　　　61

　　第一节　线性回归算法　　　　　　　　　　　　　　　　63

　　第二节　决策树算法　　　　　　　　　　　　　　　　　71

　　第三节　$K-$均值算法　　　　　　　　　　　　　　　　79

　　第四节　主成分分析算法　　　　　　　　　　　　　　　85

第九章　群体智能算法　　93

第一节　优化与群体智能算法的概念　　95

第二节　蚁群算法　　98

第三节　蜂群算法　　104

第四节　个体协同产生的群体智能　　111

第十章　进化智能　　119

第一节　常规寻优方法的瓶颈　　121

第二节　来自生物进化与基因遗传学说的启发　　126

第三节　遗传算法　　128

第四节　体验遗传算法　　134

后记　　138

第六章

知识表示与推理

人类通过观察、学习和思考客观世界的各种现象，能够获得和总结出各种知识，这些知识包括各领域各行业的事实 (fact)、概念 (concept)、规则 (rule) 或原则 (principle) 等。

人们常将那些受过专门训练，掌握专门知识，以知识为谋生手段，以脑力劳动为职业的人称为知识分子，各行各业的专家、学者、大师都是知识分子中的佼佼者。

那么，人造系统也需要掌握知识吗？人工智能系统中有"人工知识分子"吗？

人工智能的一个重要领域是机器翻译系统，在机器翻译历史上曾经有过一个著名的笑话。

英文原文：The spirit is willing, but the flesh is weak. (心有余而力不足。)

翻译成俄文后：The vodka is strong, but the meat is rotten. (伏特加酒虽然很烈，但肉是腐烂的。)

出现这种错误的原因显然是，spirit 这个英文单词既可以表示"精神"，又可以表示"烈性酒"。没有理解就不能正确翻译，而理解需要知识。

可见，人造系统也需要知识来为它赋能。实际上，人工智能发展早期的符号主义学派就是研究如何用计算机易于处理的符号来表示人脑中的知识，并模拟人的心智进行推理。符号主义研究路线的代表性成果——专家系统——就是人造系统中的"知识分子"。

第一节

Section 1

知识表示

人类在交流、分享、记录、处理和应用各种知识的过程中，发明了丰富的表达方法，如语言文字、图片、数学公式、物理定理、化学式等。但若利用计算机对知识进行处理，就需要寻找计算机易于处理的方法和技术，对知识进行形式化描述和表示，这类方法和技术称为知识表示。

对于知识表示，我们需要研究可行的、有效的、通用的原则和方法，以使知识表示形式化，从而方便计算机对知识进行存储和处理。经过几十年的研究摸索，人们提出了很多种知识的形式化表示方法，如一阶谓词逻辑表示法、产生式规则表示法、语义网络表示法、特征向量表示法、框架表示法、与或图表示法、过程表示法、黑板结构表示法、Petri 网络表示法、神经网络表示法等。下面我们介绍几种常用的知识表示法，来体会一下知识的形式化表示。

▶▶ 一阶谓词逻辑表示法

一阶谓词逻辑（First-order Predicate Logic，FOL）是一种比较常见的知识表示法，可以表示事物的状态、属性、概念等事实性知识，也可以表示事物间具有确定关系的规则性知识。

概念

概念 (concept)：概念是思维的基本形式之一，反映了客观事物的一般的、本质的特征，如首都、学校、家庭、工作等。

命题

命题 (proposition)：在逻辑学中，一般把判断某一件事情的陈述句叫做命题，命题是指一个陈述（称为判断）实际表达的概念（称为语义），如"大熊猫是动物""橘子是水果"等。

在谓词逻辑中，命题是用谓词来表示的。谓词的一般形式是 $P(x_1, x_2, \cdots, x_n)$，其中 P 是谓词名称，$x_1, x_2, \cdots, x_n$ 是个体。

例如，要表示"李梅是学生"这样一个事实性的知识，用谓词逻辑可表示为 student（Limei），这里的 student 就是谓词名称，Limei 就是个体。由于在 $P(x_1, x_2, \cdots, x_n)$ 中，$x_i(i=1, \cdots, n)$ 都是单个的个体常量，所以称为一阶谓词。

对于事实性知识，可以用逻辑符号表示，例如，用"￢"表示"非"，用"∧"表示"与"，用"∨"表示"或"；对于规则性知识，可以用蕴涵（→）式表示，例如，"如果 x，则 y"就可以表示为"$x \rightarrow y$"。

用谓词表示知识时，要遵循 3 个步骤：首先定义谓词和个体，确定每个谓词和个体的确切含义；然后为每个谓词中的个体赋予特定的值；最后根据要表达的知识的语义用连接符号连接相应的谓词，形成谓词公式。下面看几个例子。

例 1　用一阶谓词逻辑表示事实性知识：小李是我的室友，他不喜欢打扫卫生。

第一步，定义谓词：

$$Roommate(x)：x 是我的室友$$
$$Like(x, y)：x 喜欢 y$$

第二步，用 XiaoLi，cleaning 为个体 x，y 赋值。

第三步，用谓词公式表示：

$$Roommate(XiaoLi) \wedge \neg Like(XiaoLi, cleaning)$$

例 2　用一阶谓词逻辑表示事实性知识：公交车上设有老弱病残孕专座。

第一步，定义谓词：

Priority(*x*): *x* 表示可优先享受专座

elderly(*x*): *x* 是老人

infirm(*x*): *x* 是虚弱的人

sick(*x*): *x* 是病人

disabled(*x*): *x* 是残疾人

pregnant(*x*): *x* 是孕妇

第二步，用 elderly(*x*)，infirm(*x*)，sick(*x*)，disabled(*x*)，pregnant(*x*) 分别为 Priority(*x*) 中的 *x* 赋值。

第三步，用谓词公式表示：

$$Priority(elderly(x)) \lor Priority(infirm(x)) \lor Priority(sick(x)) \lor$$
$$Priority(disabled(x)) \lor Priority(pregnant(x))$$

例 3 用一阶谓词逻辑表示事实性知识：张先生是李先生的代理人。

第一步，定义谓词：

$$Agent(x, y) : x 是 y 的代理人$$

第二步，用 Zhang, Li 为 *x*，*y* 赋值。

第三步，用谓词公式表示：

$$Agent(Zhang, Li)$$

例 4 用一阶谓词逻辑表示规则性知识：如果小明上午 9:00 才到学校，他一定迟到了。

第一步，定义谓词：

$$Nine(x) : x 表示 9:00 到学校$$
$$Late(x) : x 表示迟到了$$

第二步，用 XiaoMing 为 *x* 赋值。

第三步，用谓词公式表示：

$$Nine(XiaoMing) \rightarrow Late(XiaoMing)$$

产生式规则表示法

产生式规则 (production rule) 是专家系统中最常用的一种知识表示法，主要用在条件、因果等类型的判断中对知识进行表示。

产生式规则的基本形式是 $P \rightarrow Q$，或者是 if P then Q。其中，P 为产生式的前提，用于指出该产生式的条件，可以用谓词公式、关系表达式和真值函数表示；Q 是一组结论或操作，用于指出如果前提 P 所表示的条件被满足，应该得出什么结论或执行何种操作。

产生式规则的 $P \rightarrow Q$ 与谓词逻辑中的蕴涵式 $x \rightarrow y$ 看似相同，实际上两者是有区别的。产生式规则的 $P \rightarrow Q$ 既可以表示精确性知识，即如果 P，则肯定会是 Q，又可以表示有一定发生概率的知识，即如果 P，则很可能是 Q。而谓词逻辑中的蕴涵式 $x \rightarrow y$ 只能表示精确的规则性知识，即如果 x，则肯定会是 y。

如 if "咳嗽 and 发烧" then "感冒"，置信度为 80%。这里 if 部分表示条件部分，then 部分表示结论部分，置信度表示当满足条件时得到结论的发生概率。整个部分就形成了一条规则，表示这样一类因果知识：如果病人发烧且咳嗽，则他很可能感冒了。

因此，针对比较复杂的情况，都可以用这种产生式规则的知识表示方式形成一系列的规则。

例 5　用产生式规则表示：有了大家的支持，我一定能成功。

可表示为

$$\text{if "大家支持" then "我一定能成功"}$$

或表示为

$$\text{"大家支持" } \rightarrow \text{ "我一定能成功"}$$

例 6　用产生式规则表示：熊猫是一种动物，它具有黑白相间的毛发，憨态可掬，爱吃竹子。

可表示为

$$\text{if "是动物" and "毛发黑白相间" and "憨态可掬" and "爱吃竹子" then "是熊猫"}$$

或表示为

$$\text{"是动物" } \wedge \text{ "毛发黑白相间" } \wedge \text{ "憨态可掬" } \wedge \text{ "爱吃竹子" } \rightarrow \text{ "是熊猫"}$$

例 7　用产生式规则表示：如果 $x \geq y, y = z$，则 $x \geq z$。

可表示为

$$\text{if } x \geq y \text{ and } y = z, \text{ then } x \geq z$$

或表示为

$$x \geqslant y \wedge y = z \rightarrow x \geqslant z$$

一个产生式生成的结论可以供另一个产生式作为已知事实使用，这样一组产生式就可以互相配合起来解决问题，从而构成一个产生式系统。

语义网络及其表示

语义网络 (semantic network) 是知识表示中的重要方法之一，这种方法不但表达能力强，而且自然灵活。

语义网络利用有向图描述事件、概念、状况、动作及实体之间的关系。这种有向图由节点和带标记的边组成，节点表示实体 (entity)、实体属性 (attribute)、概念、事件、状况和动作，带标记的边则描述节点之间的关系 (relationship)。语义网络由很多最基本的语义单元构成，语义单元可以表示为一个三元组（节点 A, 边，节点 B），称为一个语义基元，如图 6-1 所示。

图 6-1　语义基元的三元组结构

下面我们一起尝试如何用语义网络的有向图表达知识。首先，请大家为表 6-1 中的语句（表达了事实性知识）划分主语和宾语，然后描述两者之间的联系。

表 6-1　一组事实性知识

语　句	主　语	宾　语	联　系
梅梅有一只猫	梅梅	猫	有一只
猫是一种动物	猫	动物	是一种
李强是共青团员	李强	共青团员	是一员
梅梅比李强小	梅梅	李强	比较
桌子旁边有一把椅子	桌子	一把椅子	相邻
双肩包在椅子上	双肩包	椅子	在上面
双肩包是李强的	双肩包	李强的	属于
双肩包是蓝色的	双肩包	蓝色的	颜色

下面我们用图 6-2 中的语义基元来表达每条语句中的语义。

图 6-2 用语义基元表达事实性知识

可以看出，图 6-2 中的某些节点出现了多次，如猫、梅梅、李强、椅子、双肩包等。如果我们把这些重复的节点整合为单个节点，且不改变该节点与其他节点的关系，就得到了图 6-3 所示的语义网络。

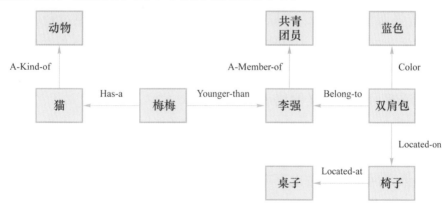

图 6-3 用语义网络表达表 6-1 中的知识

下面介绍一元关系、二元关系和多元关系。

能用谓词 $P(x)$ 表示的关系称为一元关系。$P(x)$ 中的个体 x 是一个实体，谓词 P 则说明该实体的性质或属性。一元关系常用来表示简单的事物和概念，如"双肩包是蓝色的""李强很能干""燕子会飞""梅梅很有趣"，每个语句中只有一个实体，因此都是一元关系。当用语义基元表示一元关系时，一般用节点 A 表示客体，用节点 B 表示该客体的性质、状态或属性，然后用带标记的有向边表示两个节点之间的关系，如图 6-2(h) 表示的一元关系：双肩包是蓝色的。

能用谓词 $P(x, y)$ 表示的关系称为二元关系。$P(x, y)$ 中的个体 x, y 都是实体，谓词 P 说明两个实体之间的关系。从图 6-1 可以看出，语义网络非常适合表示二元关系。

能用谓词 $P(x_1, x_2, \cdots, x_n)$ 表示的关系称为多元关系。其中个体 $x_1, x_2, \cdots, x_n$ 均为实体，谓词 P 说明这 n 个实体之间的关系。当用语义网络表示多元关系时，一般需要将多元关系转换为多个一元关系或二元关系。

语义网络由于其自然性而被广泛应用。语义网络表示法比较适合的领域大多数是根据非常复杂的分类进行推理的领域，以及需要表示事件状况、性质以及动作之间关系的领域。

语义网络表示法具有以下优点：

① 把各个节点之间的联系以明确、简洁的方式表示出来，是一种直观的表示方法；

② 着重强调事物间的语义联系，体现了人类思维的联想过程，符合人们表达事物间的关系的习惯，因此把自然语言转换成语义网络较为容易；

③ 具有广泛的表示范围和强大的表示能力，用其他形式的表示方法能表达的知识几乎都可以用语义网络表示法来表示；

④ 把事物的属性以及事物间的各种语义联系显式地表示出来，是一种结构化的知识表示法。

但是，语义网络表示法也存在着以下缺点：

① 推理规则不十分明了，不能充分保证网络操作所得推论的严格性和有效性；

② 一旦节点个数太多，网络结构复杂，推理就难以进行；

③ 不便于表达判断性知识与深层知识。

想 一 想

请根据题目给出的名词组合，选出一组与之逻辑关系最相似的名词组合。

1. 学生：成绩
   A. 网民：邮件　　　　　　　　B. 司机：驾照
   C. 职工：工资　　　　　　　　D. 运动员：名次

2. 湖南省：长沙市
   A. 香港：澳门　　　　　　　　B. 陕西省：西安市
   C. 京津冀：河北省　　　　　　D. 中国：北京

3. 单位：领导：员工
   A. 学校：老师：学生　　　　　B. 医院：医生：患者
   C. 剧院：演员：观众　　　　　D. 研究所：所长：研究员

4. 比翼鸟
   A. 连理枝　　　　　　　　　　B. 向阳花
   C. 鹈鹕　　　　　　　　　　　D. 相思树

5. 餐馆：饭菜
   A. 酒店：大堂　　　　　　　　B. 公交车：司机
   C. 电影院：电影　　　　　　　D. 学校：教室

练 一 练

❯ 设有下列事实性知识，试用合适的谓词公式进行知识表示。

① 小张喜欢猫，小李喜欢狗，小王既喜欢猫又喜欢狗。

② 北京的冬天既寒冷又干燥。

③ 我喜欢夏天，不喜欢冬天。

④ 你可以周六打扫卫生，也可以周日打扫卫生。

⑤ 不忘初心，牢记使命。

❖ 设有下列规则性知识，判断哪些规则既可以用产生式又可以用谓词逻辑中的蕴涵式表示？试用两种知识表示法表示这些规则。哪些规则只能用产生式表示？试用产生式表示这些规则。

① 要想上这所重点中学，必须通过它的入学考试。

② 天上乌云密布，狂风大作，八成要下雨了！

③ 国庆阅兵的巨大成功得益于受阅官兵的刻苦训练。

④ 没有共产党就没有新中国。

⑤ 这么长时间都没有找到解决办法，恐怕没有希望了。

⑥ 水被电解后生成氢气和氧气。

❖ 请根据下面的知识构建一个植物知识语义网络。

① 植物需要土壤、阳光和水。

② 树是一种植物。

③ 藤是一种植物。

④ 藤能缠树。

⑤ 树有树根、树干和树叶，树叶是绿色的。

⑥ 木材来自树干。

知识推理

▶ 知识推理系统

推理 (reasoning) 是思维的基本形式之一，是由一个或几个已知的判断（前提）推出新判断（结论）的过程。

在人工智能系统中，利用知识表示法表达一个待求解的问题后，还需要利用这些知识进行推理和求解问题，知识推理就是利用形式化的知识进行机器思维和求解问题的过程。

如果知识推理过程中所用的知识都是精确的，推出的结论也是精确的，就称为确定性推理，否则称为不确定性推理。

确定性推理的方法有很多。根据推理的逻辑基础，确定性推理可分为演绎推理（一般到特殊）、归纳推理（特殊到一般）和类比推理（特殊到特殊或一般到一般）。例如，归纳推理就是根据观察、实验和调查所得的个别事实，概括出一般原理的一种思维方式和推理形式。

一般来说，知识推理系统需要一个存放知识的知识库、一个存放初始证据和中间结果的综合数据库和一个推理机。这 3 个组成部分的实现方案与知识表示法密切相关。

下面以基于产生式规则表示法的产生式系统为例说明知识推理系统的结构与推理过程。通常一个产生式系统由产生式规则库（即知识库）、综合数据库和推理机（又称为控制器,是实现推理的程序)三部分组成,其基本结构如图 6-4 所示。

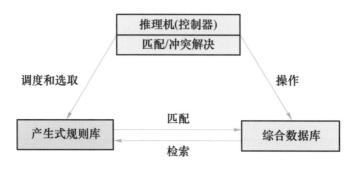

图 6-4　产生式系统的基本结构

产生式规则库：库中存放了若干产生式规则（即推理所需的知识），每条产生式规则都是一个以"如果满足这个条件，就应当采取这个操作"形式表示的语句。在产生式系统的执行过程中，如果一条规则的条件部分被满足，那么，这条规则就可以被应用，即系统的控制部分可以执行规则的操作部分。

综合数据库：数据库是产生式规则使用的数据中心，产生式规则的左半部分表示在启用这一规则之前数据库内必须准备好的条件。执行产生式规则的操作会引起数据库的变化，使得其他产生式规则的条件可能被满足，因此综合数据库是动态数据结构。

推理机（控制器）：负责对产生式规则的前提条件进行测试或匹配，提供调度和选取规则的控制策略。通常从选择规则到执行规则分成 3 步：匹配、冲突解决和操作。

匹配即将数据库和规则的条件部分相匹配，如果两者完全匹配，则把这条规则称为触发规则。当按规则的操作部分去执行时，就把这条规则称为被启用规则。

冲突解决是指当有多个规则条件部分和当前数据库相匹配时，就需要决定首先使用哪一条规则。

操作就是执行规则的操作部分，经过操作以后，当前数据库将被修改。然后，其他的规则有可能被使用。

人工智能系统的推理过程一般表现为一种搜索过程，因此，高质量的推理过程既需要正确的推理策略以解决推理方向、冲突消解等问题，又需要高效的搜索策略以解决推理路线、推理效率等问题。

正向推理

正向推理的基本思想是，事先准备一组初始事实并放入综合数据库中，然后推理机根据综合数据库中的已有事实，到知识库中寻找可用的知识。这种从已知事实（数据）出发，正向使用推理规则的策略称为数据驱动策略。

举例：张三看到一个"有蹄""有长脖子""有长腿""有暗斑点"的动物，请动物分类系统告诉他"这是什么动物"。

设该动物分类系统的知识库中存储了以下规则性知识
（来源 https://blog.csdn.net/x453987707/article/details/52727936）。

R1：if"动物有毛发"then"动物是哺乳动物"

R2：if"动物有奶"then"动物是哺乳动物"

R3：if"动物有羽毛"then"动物是鸟"

R4：if"动物会飞"and"会生蛋"then"动物是鸟"

R5：if"动物吃肉"then"动物是食肉动物"

R6：if"动物有犀利牙齿"and"有爪"and"眼向前方"then"动物是食肉动物"

R7：if"动物是哺乳动物"and"有蹄"then"动物是有蹄类动物"

R8：if"动物是哺乳动物"and"反刍"then"动物是有蹄类动物"

R9：if"动物是哺乳动物"and"是食肉动物"and"有黄褐色"and"有暗斑点"then"动物是豹"

R10：if"动物是哺乳动物"and"是食肉动物"and"有黄褐色"and"有黑色条纹"then"动物是虎"

R11：if"动物是有蹄类动物"and"有长脖子"and"有长腿"and"有暗斑点"then"动物是长颈鹿"

R12：if"动物是有蹄类动物"and"有黑色条纹"then"动物是斑马"

R13：if"动物是鸟"and"不会飞"and"有长脖子"and"有长腿"and"有

黑白二色"then"动物是鸵鸟"

R14：if"动物是鸟"and"不会飞"and"会游泳"and"有黑白二色"then"动物是企鹅"

R15：if"动物是鸟"and"善飞"then"动物是信天翁"

首先张三向该动物分类系统的数据库中存放该动物的初始事实（数据），即"有蹄""有长脖子""有长腿""有暗斑点"，然后动物分类系统开始进行从数据到结论的正向推理过程。其算法基本过程如下。

① 依次从知识库中取一条规则，用初始事实与规则中的前提事实进行匹配，即看看这些前提事实是否全在数据库中。若不全在，取下一条规则进行匹配；若全在，则这条规则匹配成功。假设现在从知识库中取到的规则为R6，其前提事实是"动物有犀利牙齿""有爪""眼向前方"，这些与张三在数据库中存放的"有蹄""有长脖子""有长腿""有暗斑点"显然不匹配，需要取下一条规则进行匹配。如果从知识库中恰好取到了规则R11，其前提事实是"动物是有蹄类动物""有长脖子""有长腿""有暗斑点"，4个事实全在数据库中，于是这条规则匹配成功。

② 将匹配成功的规则结论部分的事实作为新的事实增加到数据中，并记下该匹配成功的规则。此时，数据库增加了一个事实："动物是长颈鹿"。

③ 用更新后的数据库中的所有事实重复步骤①和②，如此反复进行，直到全部规则都被用过。

正向推理的优点是过程比较直观，由使用者提供有用的事实信息，适合用于求解判断、设计、预测等问题。通过以上例子我们也能体会到，正向推理可能会执行很多与解无关的操作。设想一下，如果例子中的动物分类系统知识库中有成千上万条规则，而能够匹配的那条规则恰好排在最后，这样的推理不是效率很低吗？

❯❯ 逆向推理

逆向推理的推理方式和正向推理的正好相反，其基本思想是，先提出一个或一批假设的结论，然后以此为目标，为验证该结论的正确性去知识库中找证据。逆向推理这种从结论到数据的反向推理策略称为目标驱动策略。

下面我们尝试用逆向推理策略重新求解上例的问题。

张三看到一个"有蹄""有长脖子""有长腿""有暗斑点"的动物，他提出的假设是："这个动物可能是斑马，也可能是长颈鹿。"若动物分类系统采用逆向推理策略来验证这两个假设，其推理过程如下。

① 将问题的初始事实"有蹄""有长脖子""有长腿""有暗斑点"放入综合数据库，将两个假设"斑马"和"长颈鹿"作为要求验证的目标放入假设集。

② 从假设集中取出一个假设，如"斑马"，在知识库中找出结论为"斑马"的规则（这个规则是 R12），然后检查该规则的前提事实"有蹄"和"有黑色条纹"是否与综合数据库中存放的初始事实"有蹄""有长脖子""有长腿""有暗斑点"相符。结果为不相符，则继续从假设集中取出下一个假设"长颈鹿"。

③ 在知识库中找出结论为"长颈鹿"的规则（这个规则是 R11），然后检查该规则的前提事实是否与综合数据库中存放的初始事实相符。结果为两者相符，则"长颈鹿"的假设成立。

逆向推理的优点是推理过程中目标明确，不必寻找与目标无关的信息和知识。

》混合推理

正向推理和逆向推理都有各自的优缺点。当问题较复杂时，常常将两者结合起来使用，互相取长补短，这种推理称为混合推理。

想 一 想

》根据推理的逻辑基础，判断下面的句子属于哪一类推理。

① 惊蛰种麦堆满仓，清明种麦一把糠。

② 三好学生的学习成绩都是优秀的，小明是三好学生，小明的学习成绩很优秀。

③ 候鸟能长途飞行，燕子是候鸟，燕子能长途飞行。

④ 直角三角形内角和是 180 度；锐角三角形内角和是 180 度；钝角三角形内角和是 180 度。所以，一切三角形的内角和都是 180 度。

⑤ 一路上不断有人帮忙，这个社会还是好人多啊！

⑥ 补漏趁天晴，读书趁年轻。

❯ 根据知识推理过程中所用的知识和推出的结论是否精确，判断下面的句子属于哪一类推理。

① 地面很湿，昨天夜里大概下雨了。

② 室温已经超过 26 摄氏度，可以开空调了。

③ 他早就出发了，这么久还没到，恐怕是堵车了。

④ 明天是星期六，公园里的人会比平时多。

⑤ 她一直很胖，估计是爱吃甜食。

⑥ 张健每天坚持锻炼，他的身体一定很棒。

练 一 练

❯ 埃及女王的皇宫里有 3 颗钻石，装钻石的盒子内放了一条毒蛇，若被它咬一口就足以使人毙命。某夜，神偷哈利潜进皇宫里偷取钻石。他没有让毒蛇从箱内钻出来，也没有用任何方式接触到毒蛇，而他手上更没戴保护手套。当他成功地偷取到钻石后，盒子与毒蛇仍保持与偷取前一样的状态。那么，神偷哈利是如何偷取钻石的？

提示：从给出的线索看，"钻石离开了盒子而毒蛇留在盒子里"是已发生的结果，需要用逆向推理方式找到能产生此结果的前提。

❯ 猜一猜下面的谜语，体会从数据（事实）到结论的正向推理过程。

① 先修十字街，再修月花台，身子不用动，口粮自动来。（打一动物）

② 看看没有，摸摸倒有，是冰不化，是水不流。（打一物品）

③ 生在青山叶叶多，离了家乡纸包裹，宾朋来了开水泼，口口声声都吞我。（打一植物）

④ 长长方方小年糕，香气扑鼻不能咬。搓搓揉揉变泡泡，清洗衣服个变小。（打一物品）

⑤ 左手五个，右手五个。拿去十个，还剩十个。（打一用品）

⑥ 铁嘴巴，爱咬纸，咬完掉个铁牙齿。（打一物品）

⑦ 耳朵像蒲扇，身子像小山，鼻子长又长，帮人把活干。（打一动物）

⑧ 八只脚，抬面鼓，两把剪刀鼓前舞，生来横行又霸道，嘴里常把泡沫吐。（打一动物）

❖ 收藏家将一枚价值连城的古代戒指放在一个很大的窄口玻璃瓶内，玻璃瓶被固定在地上无法搬动。某天，收藏家走进存放戒指的房间，发现昨天还在玻璃瓶里的戒指不翼而飞了！从收藏家最后看到戒指到发现丢失的这段时间内，共有 3 个人进入过这间房子：管家、保安、清洁地毯的小时工。你认为这 3 人中谁的嫌疑最大？

提示：逆向推理的基本思想是，先提出一个或一批假设的结论，然后以此为目标，为验证该结论的正确性去知识库中找证据。本题给出 3 个假设的结论：管家、保安、清洁地毯的小时工。请从你头脑中的知识库里寻找支持每个假设的证据。

状态空间搜索策略

状态空间搜索的定义

所谓推理过程，就是从待求解问题的初始状态出发去寻找一条求解路径，这条路径途经很多中间状态并逐渐向目标状态逼近，最终到达使问题得解的目标状态。如果将问题的不同状态看作不同的"点"，所有这些点就构成了状态空间。通过推理求解问题的过程，就是在问题的状态空间中搜索一条能够从初始状态到达目标状态的路径，这个搜索过程就称为状态空间搜索。状态空间搜索的本质是根据问题的实际情况不断寻找可利用的知识，从而构造一条推理路线使问题得到解决。

搜索是推理不可分割的一部分，它直接关系到智能系统的性能和运行效率。搜索问题中至关重要的工作之一是找到正确的搜索策略。搜索策略主要包括盲目搜索策略和启发式搜索策略，前者包括深度优先搜索和广度优先搜索等搜索策略；后者包括局部择优搜索法（如瞎子爬山法）和最好优先搜索法（如有序搜索法）等搜索策略。

盲目搜索策略

盲目搜索是指按照预先制定的控制策略进行搜索，而不会考虑问题本身的特性，又称为无信息搜索。由于很多客观存在的问题都没有明显的规律可循，所以很多时候我们不得不采用盲目搜索策略。这种策略思路清晰，对于一些比较简单的问题，确实能发挥奇效。

下面我们通过解决八数码问题来体会盲目搜索策略的应用。

在 3×3 的棋盘上摆 8 个棋子，每个棋子上都标有 1~8 的某一数字。棋盘中留有一个空格，空格周围的棋子都可以移到空格上。要求解的问题是：给出一种八数码的初始布局（初始状态）和目标布局（目标状态），采用某种移动方法，实现从初始布局到目标布局的转变。设初始布局为 123405678，目标布局为 283164750，其中 0 表示空格。

从初始布局开始，将可能的布局逐层展开，共有多达 362 880 种状态！因此，我们只能给出一个局部的示意图。图 6-5 给出的是深度优先搜索策略的搜索路径，图 6-6 给出的是广度优先搜索策略的搜索路径。

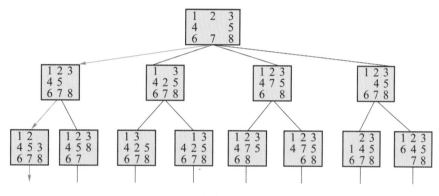

图 6-5　深度优先搜索策略示意

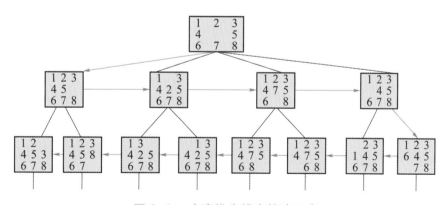

图 6-6　广度优先搜索策略示意

▶▶ 启发式搜索策略

如果在搜索过程中能够获得问题本身的某些启发性信息，并用这些信息来引导搜索过程尽快达到目标，这样的搜索就称为启发式搜索，又称为有信息搜索。启发式搜索可以通过启发性信息指导搜索向最有希望的方向前进，因而可以缩小搜索目标范围，提高搜索效率。

我们仍然以八数码问题为例，对于多达 362 880 种状态的复杂问题，采用盲目搜索策略显然是一种最"省心"但费时间的办法。如果采用启发式搜索策略，就要"费心"去发现问题自身的启发性信息，利用这些启发性信息进行"有向导"的搜索，以便快速找到问题的解。

如果继续将八数码问题的状态图逐层展开，我们将发现：从初始状态开始，在通向目标状态的路径上，各状态的数码格局同目标状态相比较，其数码不同的位置个数在逐渐减少。所以，数码不同的位置个数便是标志一个节点到目标节点距离远近的一个启发性信息，利用这个状态差距作为一个度量信息，就可以指导搜索，减小搜索范围，提高搜索速度。在搜索过程中，越逼近目标状态，状态差距就越小，达到目标状态时差距为零，此时即搜索完成。

案例原文链接：https://blog.csdn.net/zuzubo/article/details/1540280。

想 一 想

>> 小明的玩具小汽车扔的到处都是，请你从入口进入迷宫，在不走重复路线的条件下走出迷宫，一路帮他捡回所有的小汽车。你在走迷宫的过程中采用了哪种搜索策略？为什么？

◈ 下图中的小松鼠要从 4 个路口中任选一条出发去找坚果，它应采用哪种搜索策略？为什么？

图片来自：http://www.juimg.com/shiliang/201307yingyinyule391626.html

推理案例：传教士与野人渡河问题

>> **问题描述与分析**

传教士与野人渡河问题又称为 M–C 问题，是一个经典的推理案例。设有 N 个传教士和 N 个野人，只有一条船，可同时乘坐 k 个人渡河，传教士和野人

都会划船，且野人会服从任何过河安排。为传教士的安全起见，要求在任何时刻河两岸及船上的野人数目都不得超过传教士的数目。要求规划出一个既能确保传教士安全，又能使传教士和野人全部渡河到对岸的解决方案。

如何将解决上述问题所需要的推理知识用计算机能够"懂得"的形式化表示来描述，并通过某种知识推理和状态空间搜索策略进行求解呢？下面我们以 $N=3$，$k=2$ 为例，分析如何用产生式系统解决 M–C 问题。

(1) 定义变量和约束条件

定义 3 个变量：M、C、B。M 和 C 分别代表传教士人数和野人人数，两个变量的取值范围均为 $\{0, 1, 2, 3\}$；$B=1$ 和 $B=0$ 分别表示船在左岸和不在左岸。

求解过程的约束条件是：两岸状态均需满足 $M \geq C$，除非 $M=0$（即岸上只有野人）；船上的情况需满足 $M+C \leq 2$。

(2) 问题的状态空间分析

问题的初始状态是所有传教士和野人以及船都在左岸，目标状态是所有传教士和野人以及船都在右岸。用 L 和 R 分别表示河的左岸和右岸，用三元组 (M, C, B) 表示左岸的状态，初始状态和目标状态如下：

初始状态：	$(M,$	$C,$	$B)$
L	3	3	1
R	0	0	0

目标状态：	$(M,$	$C,$	$B)$
L	0	0	0
R	3	3	1

从数学角度看，M-C 问题的状态空间应有 $M \times C \times B$ =4×4×2=32 种状态。但其中有 4 种情况实际上是不可能发生的，例如，状态（3，3，0）表示所有传教士和野人都在左岸，而船在右岸；此外还有 12 种不合理状态，如状态（1，0，1）表示左岸有 1 个传教士和 1 条船，那么右岸就应该有 2 个传教士，3 个野人，这显然不满足 $M \geq C$ 的约束条件。

删去所有不可能与不合理的状态，剩下 16 种可用的状态组成表 6-2 所示的合理状态空间。

表 6-2　M-C 问题的状态空间

序　号	状　态	序　号	状　态	序　号	状　态	序　号	状　态
1	（3，3，1）	5	（3，1，0）	9	（1，1，1）	13	（0，2，0）
2	（3，2，1）	6	（3，0，0）	10	（1，1，0）	14	（0，1，1）
3	（3，2，0）	7	（2，2，1）	11	（0，3，1）	15	（0，1，0）
4	（3，1，1）	8	（2，2，0）	12	（0，2，1）	16	（0，0，0）

(3) 提炼渡河规则

在渡河过程中，船上的人数（M，C）共有 5 种满足约束条件的情况，即（1，0），（0，1），（1，1），（2，0），（0，2）。这 5 种情况可能出现在从左岸向右岸划船的时候，也可能出现在从右岸向左岸划船的时候，因此规则库中共有以下 10 条渡河规则，如表 6-3 所示。

表 6-3　规则库中的 10 条渡河规则

序 号	规 则	注 释
1	if $(M, C, 1)$ then $(M-1, C, 0)$	从左岸向右岸过 1 个传教士、0 个野人
2	if $(M, C, 1)$ then $(M, C-1, 0)$	从左岸向右岸过 0 个传教士、1 个野人
3	if $(M, C, 1)$ then $(M-1, C-1, 0)$	从左岸向右岸过 1 个传教士、1 个野人
4	if $(M, C, 1)$ then $(M-2, C, 0)$	从左岸向右岸过 2 个传教士、0 个野人
5	if $(M, C, 1)$ then $(M, C-, 0)$	从左岸向右岸过 0 个传教士、2 个野人
6	if $(M, C, 0)$ then $(M+1, C, 1)$	从右岸向左岸过 1 个传教士、0 个野人
7	if $(M, C, 0)$ then $(M, C+1, 1)$	从右岸向左岸过 0 个传教士、1 个野人
8	if $(M, C, 0)$ then $(M+1, C+1, 1)$	从右岸向左岸过 1 个传教士、1 个野人
9	if $(M, C, 0)$ then $(M+2, C, 1)$	从右岸向左岸过 2 个传教士、0 个野人
10	if $(M, C, 0)$ then $(M, C+2, 1)$	从右岸向左岸过 0 个传教士、2 个野人

▶ 搜索过程

M–C 问题的推理采用正向推理策略，状态空间搜索采用广度优先的盲目搜索策略。在搜索开始前，综合数据库中只存有初始状态 $(3,3,1)$，搜索过程如下。

① 依次从规则库中取一条规则，用综合数据库中的状态与规则中的前提事实进行匹配，若匹配不成功，则取下一条规则继续匹配。在进行第一轮匹配时，规则库中共有 5 条规则（规则 1~ 规则 5）的前提事实与初始状态匹配。

② 用约束条件对匹配成功的规则结论部分的事实进行检查。以第一轮匹配为例，5 条匹配成功的规则结论部分的事实分别为 $(2,3,0)$，$(3,2,0)$，$(2,2,0)$，$(1,3,0)$，$(3,1,0)$。显然，$(2,3,0)$ 和 $(1,3,0)$ 都是不满足约束条件的不合理状态，因此将 $(3,2,0)$，$(2,2,0)$，$(3,1,0)$ 作为新的事实增加到综合数据库中，并记下匹配成功的 3 条规则。

③ 用更新后的综合数据库中的所有状态重复步骤①和②，如此反复进行，直到新的事实为目标状态或全部规则都被用过。

搜索路径如图 6-7 所示，图中的节点代表状态，节点之间的连线代表推理规则，箭头代表状态的转换方向。

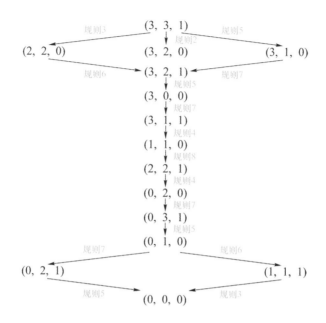

图 6-7　M-C 问题状态空间搜索路径

由图 6-7 可以看出，从初始状态到目标状态共有 4 条搜索路径，4 条搜索路径的渡河过程如图 6-8 所示。

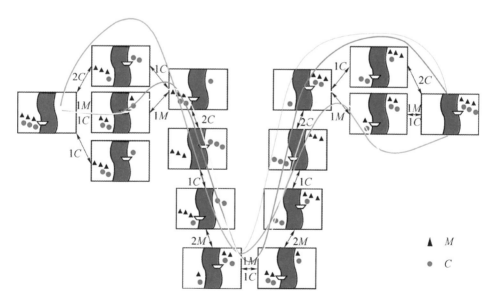

图 6-8　4 条搜索路径的渡河过程

试 一 试

◆ 试在 M–C 问题的 32 种状态中找出所有不可能和不合理的状态。

◆ 如果用下面两条规则代替 M–C 问题中的 10 条规则，结果是否相同？（注：i 和 j 取 0 或 1。）

规则一：

$$\text{if } (M, C, 1) \text{ and } 1 \le i+j \le 2 \text{ then } (M-i, C-j, 0)$$

规则二：

$$\text{if } (M, C, 0) \text{ and } 1 \le i+j \le 2 \text{ then } (M+i, C+j, 0)$$

◆ 房间的天花板上挂着一串香蕉，房内有一只猴子和一只箱子，猴子可以走动、推移箱子、攀登箱子等。猴子登上箱子时才能摘到香蕉。问在某一状态下，猴子如何行动可摘到香蕉。请上网查询相关资料，了解该问题的知识表示法和求解思路。

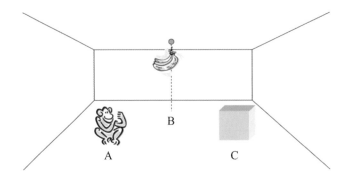

拓展阅读：知识图谱

　　互联网的发展带来网络数据内容的爆炸式增长，给人们有效获取信息和知识提出了挑战。

　　2012 年 5 月 17 日，谷歌正式提出知识图谱（knowledge graph），其初衷是为了提高搜索引擎的能力，改善用户的搜索质量和搜索体验。随着人工智能技术的发展和应用，知识图谱以其强大的语义处理能力和开放组织能力，被广泛地应用于智能搜索、智能问答、个性化推荐、内容分发等领域，为互联网时代的知识化组织和智能应用奠定了基础。

▶▶ 知识图谱的定义

　　知识图谱是用图模型来描述现实世界中存在的各种实体以及实体之间联系的技术方法。知识图谱由节点和边组成，节点可以是实体，也可以是抽象的概念；边是实体的属性或实体之间的关系。巨量的边和节点构成一张巨大的语义网络图。

　　看到这里，相信同学们很容易想到一个问题：从组成结构上看，知识图谱似乎有点语义网络的影子！实际上，知识图谱的确不是横空出世的新技术，而是历史上很多相关技术相互影响和继承发展的结果。除了有语义网络等技术的影子外，知识图谱的产生和演化主要归功于一种称为 Semantic Web(语义网) 的技术。Semantic Web 与 Semantic Network(语义网络，或简称语义网) 经常会被混淆，注意区分。

　　众所周知，万维网（Word Wide Web）是蒂姆·伯纳斯·李 (Tim Berners-Lee)

Web 之父蒂姆·伯纳斯·李

于 1989 年提出来的全球化网页链接系统。在 Web 的基础上，Tim Berners-Lee 又于 1998 年提出 Semantic Web 的概念，将网页互联拓展为实体和概念的互联。

Semantic Web 问世后，很快出现了一大批著名的语义知识库：谷歌的"知识图谱"搜索引擎，其强大能力来自谷歌的共享数据库 Freebase；以 IBM 创始人托马斯·沃森命名的超级计算机沃森，其回答问题的强大能力得益于后端知识库 DBpedia 和 Yago；以及世界最大的开放知识库 Wikidata，等等。因此，维基百科的官方词条称：知识图谱是谷歌用于增强其搜索引擎功能的知识库。目前，知识图谱已被用来泛指各种大规模的语义知识库。

从网页的链接到数据的链接，Web 技术正在逐步朝向 Web 之父 Berners-Lee 设想中的语义网络演变。除了应用于提升搜索引擎的能力外，知识图谱技术正在语义搜索、智能问答、辅助语言理解、辅助大数据分析、推荐计算、物联网设备互联、可解释型人工智能等领域寻找用武之地，其核心是以图形的方式向用户返回经过加工和推理的知识，以实现智能化语义检索。

知识图谱的基本概念

知识图谱中的最小单元是三元组，主要包括"实体－关系－实体"和"实体－属性－属性值"等形式。每个属性－属性值对（Attribute-Value Pair，AVP）都可用来刻画实体的内在特性，而关系可用来连接两个实体，刻画它们之间的关联。图 6-9 给出了一个知识图谱的例子，其中，中国是一个实体，北京是一个实体，"中国－首都－北京"是一个（实体－关系－实体）的三元组样例；北京是一个实体，人口是一种属性，2 153.6 万是属性值，"北京－人口－2 153.6 万"构成一个（实体－属性－属性值）的三元组样例。

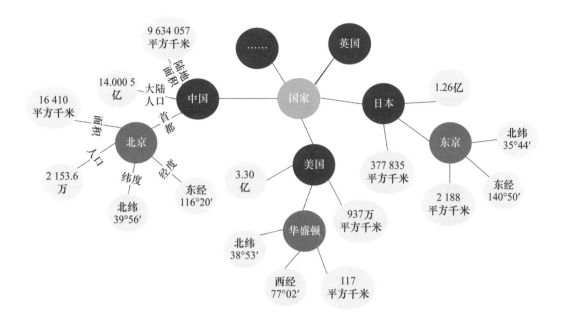

图 6-9　基于三元组的知识图谱

图片来源：http://www.sohu.com/a/196889767_151779

实体　世界万物均由具体事物组成，这些独立存在的且具有可区别性的事物就是实体，如某个人、某个城市、某种植物、某种商品等，或者图 6-9 中的中国、美国、日本等。实体是知识图谱中最基本的元素，不同的实体间存在不同的关系。

内容　内容通常作为实体和语义类的名字、描述、解释等，可以由文本、图像、音视频等来表达。

属性和属性值　实体的特性称为属性，例如，图 6-9 中的首都这个实体有面积、人口两个属性；学生这个实体有学号、姓名、年龄、性别等属性。每个属性都有相应的值域，主要有字符、字符串、整数等类型。属性值是属性在值域范围内的具体值。

概念　概念是反映事物本质属性的思维形式，常表示具有同种属性的实体构成的集合。例如国家、民族、书籍、计算机等。

关系　在知识图谱中，关系是将若干个图节点(实体、语义类、属性值)映射到布尔值的函数。

大规模知识库的构建与应用需要多种技术的支持，其技术构架如图 6-10 所示。首先通过知识提取技术，从公开的半结构化、非结构化和第三方结构化数据库中提取出实体、关系、属性等知识要素；然后采用合适的知识表示技术对知识要素进行图谱化，以易于进一步处理；最后再利用知识融合技术消除实体、关系、属性等指称项与事实对象之间的歧义，形成高质量的知识库。知识推理技术则在已有的知识库基础上进一步挖掘隐含的知识，从而丰富、扩展知识库。

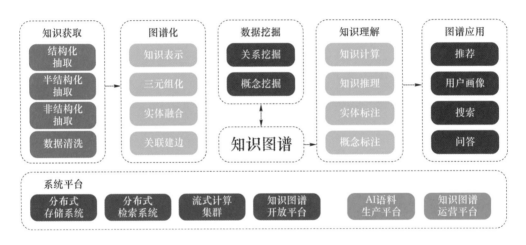

图 6-10　知识图谱的技术构架

图片来源：搜狗百科词条

试 一 试

❯ 试抽取以下短文中的实体，写出该实体所属的概念，并给该实体一个简短的描述。

① 刘德华代表作品无间道

② 欢乐喜剧人的主演

③ 乔布斯 2015 年上映电影

④ 冯小刚导演电影手机

⑤ 小米是有营养的粗粮

在微信的"发现"中单击"小程序",搜索"百度 AI 体验中心",添加到我的小程序中。打开该程序,单击"知识与语义",进入"知识理解"项下的实体标注。

请将自己完成的实体标准结果与上述小程序给出的标注结果进行对比。

❯❯ 下图是电视剧《人民的名义》中的人物关系图。请尝试梳理最近看过的影视剧或小说中的人物关系,制作一张类似的人物关系图谱。

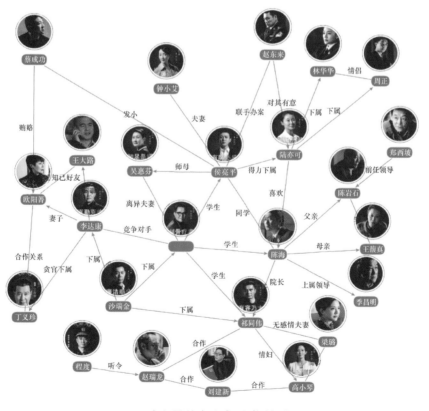

《人民的名义》人物关系

试想如果你梳理的是《三国演义》《红楼梦》《水浒传》中的人物关系，像这样人物众多、动态复杂的人物关系，工作量和难度都会非常大！包括人物关系抽取在内的人工智能技术，正在助力这一问题的解决。

❯❯ 给出一段关于苹果公司的文字描述："苹果公司是一家跨国公司，总部位于美国加利福尼亚库比蒂诺，致力于设计、开发和销售消费电子、计算机软件、在线服务和个人计算机。苹果公司由史蒂夫·乔布斯、斯蒂夫·沃兹尼亚克、罗纳德·韦恩创立于 1976 年 4 月 1 日。该公司于 1977 年 1 月 3 日改名为苹果电脑公司，又于 2007 年 1 月 9 日改名为苹果公司，反映其业务重点转向消费电子领域。"请手动抽取关于苹果公司的结构化信息，包括总部地址、创始人和创立时间，并与利用知识抽取技术自动抽取的结果 (见表 6-4) 进行对照。

表 6-4　利用知识抽取技术自动抽取的关于苹果公司的结构化信息

苹果公司	总部地址	美国加利福尼亚库比蒂诺
苹果公司	创始人	史蒂夫·乔布斯
苹果公司	创始人	斯蒂夫·沃兹尼亚克
苹果公司	创始人	罗纳德·韦恩
苹果公司	创立时间	1976 年 4 月 1 日

第七章

机器学习的基本原理

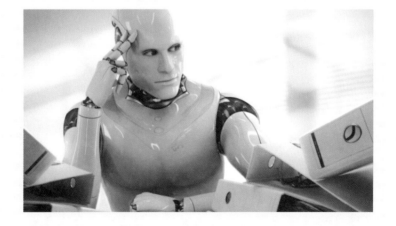

人类获取知识的基本手段是学习，人的认知能力和智慧才能是在毕生的学习中逐步形成的，学习能力是人类智能的重要标志。

第六章告诉我们，计算机能够利用知识进行推理，从而协助人们解决各类复杂问题。那么，计算机是如何获得各种知识的呢？机器系统也能具备通过学习自动获取知识的能力吗？本章内容对这些问题给出了答案。

面对信息社会的海量信息，我们迫切需要具有学习能力的智能机器来模拟和延伸我们的学习能力，帮助我们从大数据中提取有用的知识，实现知识获取的自动化。这样的需求催生了人工智能领域的一个极为重要的分支：机器学习 (Machine Learning，ML)。机器学习是对人类学习的计算机模拟与实现，是使计算机具有智能的基本途径和重要标志。

第一节 Section 1

人类学习与机器学习

什么是学习？作为学生，大家最熟悉的学习就是在老师的指导下，有计划、有目的、有组织、系统地接受前人积累的科学文化知识和技能，丰富自己的知识和经验，认知相关规律，并利用这些知识、经验和规律来举一反三、融会贯通地认知新知识和解决 (类似的) 新问题。

图 7-1 将机器学习过程与人类学习过程进行了类比，在机器学习中将前人积累的科学文化知识和技能称为历史数据，对这些历史数据进行归纳总结的过程称为训练，训练得到的知识、经验和规律统称为模型，模型对新数据的输出称为预测。机器学习首先需经过训练过程建立模型，再利用模型完成预测过程，这两个过程正如我们要先完成学业，然后再参加工作一样。

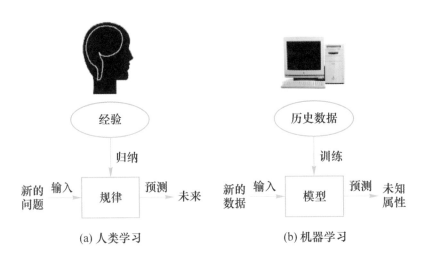

图 7-1　机器学习与人类学习的类比

图片来源：http://www.dataguru.cn/article-8996-1.html

为了让同学们更深刻地理解学习的概念，我们进一步了解一下不同学科对学习这个抽象概念的描述。

神经科学家从学习发生的生理机制出发，认为学习就是大脑对信息的感知、处理和整合等加工过程，这个过程引起大脑神经网络中神经元突触连接结构的改变，这种改变称为神经元连接的可塑性（图 7-2）。人类之所以能够学习，就是因为人类的大脑具有可塑性。

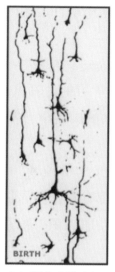  

（a）婴儿大脑皮层　　　（b）6岁儿童大脑皮层　　　（c）14岁儿童大脑皮层
　　　的神经元连接　　　　　　的神经元连接　　　　　　的神经元连接

图 7-2　大脑的突触连接密度

图片来源：http://www.sohu.com/a/243504643_616649

认知心理学家一般把学习定义为"主体与环境相互作用的经验所引起的能力或行为倾向的相对持久的变化"。例如，从未下过水的人经过训练（即主体与环境相互作用的经验）能够成为游泳健将（即能力或行为倾向的相对持久的变化）；文盲通过识字训练（即主体与环境相互作用的经验）能够看书读报（即能力或行为倾向的相对持久的变化）。

著名的人工智能学者西蒙 (Simen) 对学习给出的定义是："如果一个系统能够通过执行某种过程而改变它自身的性能，这就是学习。"西蒙还指出，学习是"能够让系统在执行同一任务或同类的另外一个任务时比前一次执行得更好的任何改变"。

西蒙在对学习的定义中提出了 3 个要素，即过程、系统、性能改进。第一，学习是一个过程；第二，学习过程是由一个学习系统来执行的，显然，如果这个系统是人，即人类学习，如果这个系

人工智能学者西蒙

统是计算机，即机器学习；第三，学习的结果将带来系统性能的改进，即熟能生巧，越做越好！

西蒙对学习的定义虽然比较宽泛，但这一阐述统一了人类学习与机器学习的概念。从人工智能的角度看，机器学习是对人类学习的计算机模拟与实现，两者是模型与原型的关系，概念定义的一致性强化了机器学习拟人或类人的意义。

机器学习是研究如何使机器具有学习能力的交叉学科领域，与神经科学、认知心理学、逻辑学、概率统计学、教育学等学科都有着密切的联系。其目标是使机器系统能像人一样进行学习，并能通过学习获取知识、积累经验、发现规律、不断改善系统性能，从而实现自我完善。

机器学习的巨大应用潜力在棋类游戏中得到了充分的展示。一个较早的著名案例是 1959 年美国 IBM 公司的塞缪尔 (Samuel) 设计的一款跳棋程序，这个

Samuel 编写的跳棋程序战胜了自己

具有自学能力的程序能够在不断的对弈中改进自身的棋艺，4 年后它战胜了设计者本人，又过了 3 年，美国一位保持了 8 年不败纪录的冠军也输给了这个会学习的跳棋程序。1997 年 5 月，运行于 IBM 深蓝超级计算机的国际象棋程序击败了国际象棋大师卡斯巴罗夫。

2016 年 3 月，具有超强学习能力的谷歌人工智能系统"阿尔法围棋"(AlphaGo)与人类围棋高手李世石进行了一场举世瞩目的人机大战，结果具有超强学习能力的 AlphaGo 以 4 : 1 完胜。

机器学习主要研究以下三方面的问题。

① 学习机理。这是对人类学习机制（即人类获取知识、技能和抽象概念的天赋能力）的研究，通过这一研究，可从根本上解决机器学习中存在的种种问题。

② 学习方法。研究人类的学习过程，探索各种可能的学习方法，建立起独立于具体应用领域的学习方法。机器学习方法的构造是指在对生物学习机理

进行简化的基础上，用计算的方法进行再现。

③学习系统。根据特定任务的要求，建立相应的学习系统。

机器学习特别擅长解决分类、回归、聚类、降维等四大基本问题，由于很多实际问题都可以归结为其中的一种，所以机器学习的成果已经在数据分析、机器视听觉、自然语言处理、自动推理、智能决策等诸多领域得到了应用并取得了巨大成功。

模式识别

计算机视觉

数据挖掘

机器学习

语音识别

统计学习

自然语言处理

研 讨 会

❯❯ 神经科学家认为，学习即大脑中神经元网络连接的形成，知识以网络连接的形式分布储存在我们的大脑中。根据对本书上册第五章介绍的人工神经网络的理解，你认为人工神经网络学习过程的本质是什么？

❯❯ 在神经元网络形成的过程中，新的知识和经常被使用的知识活跃稳定，而那些旧的知识和不常用的知识渐渐被清除。人类大脑通过这种机制不断地适应环境，发展出最佳的神经网络系统。在人工神经网络中，如何模拟这一学习过程？

▷ 工程师兼心理学家 Peter Rudin 说："人类学习和机器学习都能产生知识，但一个产生于人类大脑，而另一个则产生于机器。"你认为这是人类学习与机器学习之间唯一的区别吗？就学习而言，两者还有哪些差异？

▷ 机器学习的优势是什么？你认为将来有一天机器的学习能力会超过人类吗？

▷ 机器能否学习人的直觉、情感、审美和顿悟等能力？

▷ 会学习的机器对我们人类的工作与生活有何影响？

机器学习系统的基本构成

1997 年，有着全球机器学习教父之美誉的人工智能领域顶尖科学家 Tom Mitchell 教授曾对机器学习做过这样的阐述："如果一个程序在使用既有的经验（E）执行某类任务（T）的过程中被认为是'具备学习能力的'，那么它一定需要展现出利用现有的经验（E），不断改善它完成既定任务（T）的性能（P）的特性。"

人工智能学者 Tom Mitchell

这段描述抽象出机器学习问题的 3 个基本特征，即任务 T、经验 E 的来源和度量任务完成情况的性能指标 P。下面我们通过两个例子来介绍机器学习问题。

例 1 设计一个下跳棋的机器学习程序，要求这个程序通过不断与自己下棋，获取经验，并从经验中学习，提高自身的下棋水平，最终达到程序设计者事先无法预料的水平。

在此例中，任务 T 是下跳棋，经验 E 的来源是和自己对弈，性能指标 P 可以自行定义，例如定义为机器学习程序在对弈中击败对手的百分比。

例 2　设计一个过滤垃圾邮件的机器学习程序，要求这个程序通过学习用户标记好的垃圾邮件和常规非垃圾邮件示例（系统用于学习的示例称为训练集），学会自动标记垃圾邮件。

在此例中，任务 T 是标记新邮件是否为垃圾邮件，经验 E 的来源是训练集的示例数据，性能指标 P 可定义为正确分类的电子邮件的比例。

根据 Tom Mitchell 教授对机器学习的阐述和上述实例的分析，我们可以得出一个学习系统需满足的 4 个基本要求。

首先，学习系统进行学习时要有良好的信息来源，我们称为学习环境。学习环境对学习系统的重要性如同学校、教师、书本、实验室对学生的重要性一样，很多家长千方百计地为孩子择校，就是为了选一个良好的学习环境。

其次，学习系统自身要具有一定的学习能力和有效的学习方法。学习环境为学习系统提供了必要的信息和条件，但处于同一学习环境的同班学生，由于具有不同的学习能力以及采用了不同的学习方法，其学习效果会大不相同。

再次，学习系统必须做到学以致用，将学习获得的信息、知识等用于系统所要解决的实际问题，如估计、预测、分析、分类、决策、控制等。

最后，学习系统应能够通过学习提高自身性能。学习的目的正是通过增长知识、提高技能从而改进系统的性能，使系统在解决问题时做得越来越好。

为了实现以上基本要求，一个学习系统的基本框架至少应包括 4 个重要环节：环境、学习环节、知识库和执行环节。图 7-3 给出了机器学习系统的基本框架。

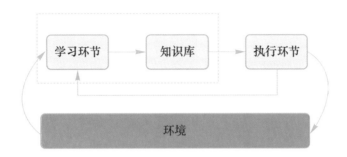

图 7-3　机器学习系统的基本框架

其中，环境向学习系统的学习环节提供获取知识所需的工作对象的信息，学习环节利用这些信息修改知识库，以增进学习系统执行环节完成任务的效能，执行环节根据知识库的指令完成任务，同时把获得的信息反馈给学习环节。在具体的应用中，环境、知识库和执行环节决定了具体的工作内容，学习环节所需要解决的问题完全由上述 3 部分确定。每个环节的具体功能如下。

➤➤ 环境

环境为学习系统提供了用某种形式表达的外界信息。构造高水平和高质量的信息对学习系统获取知识的能力至关重要。

信息的水平是指信息的抽象化程度。高水平信息比较抽象，能适用于更广泛的问题；低水平信息比较具体，只适用于个别问题。环境提供的信息水平往往与执行环节所需的信息水平有差距，这时就需要学习环节来缩小这个差距。如果环境提供的是较抽象的高水平信息，则针对比较具体的对象，学习环节就需要补充一些与具体对象相关的细节，以便执行环节能将其用于该对

象。如果环境提供的是较具体的低水平信息，学习环节就要在获得足够的数据后，删去不必要的细节，然后再进行总结推广，归纳出适用于一般情况的规则，以便执行环节能用这些规则完成更多的任务。可见如果环境提供的信息水平很低，会大大地增加学习环节的负担和设计难度。

什么是信息的质量？

信息的质量是指对事物表述的正确性、选择的适当性和组织的合理性。信息质量的好坏会严重影响机器学习的难度。向学习系统提供的示例要能准确地表述对象，示例的提供次序要利于学习，这样系统归纳起来就比较容易。试想如果这些示例中不仅有严重的噪声干扰，而且这些示例的次序也很不合理，那么学习环境就很难对其进行归纳。

▶学习环节

学习环节负责提供各种学习算法，用于处理环境提供的外部信息，并将这些信息与执行环节反馈回来的信息进行比较。一般情况下，环境提供的信息水平与执行环节所需要的信息水平存在差距，学习环节需要经过分析、综合、归纳、类比等思维过程，从这些差距中获取相关对象的知识，并将这些知识存入知识库。

算法：解题方案的准确而完整的描述

▶知识库

知识库用于存放学习环节学到的知识，其形式与知识表示法直接相关。如第六章所述，常用的知识表示法有一阶谓词逻辑、产生式规则、语义网络、框架、过程、特征向量、黑板结构、Petri 网络、神经网络等。机器学习系统的设计师们总是选择那些表达能力强且易于推理的知识表示法，这样才易于修改和扩展相应的知识库。

一个学习系统不可能在完全没有知识的情况下凭空学习，因此知识库中会有一定的初始知识作为基础，然后在此基础上通过学习过程对已有的知识进行扩充和完善。

▶▶执行环节

执行环节与学习环节相互联系并相互影响。学习环节的目的是改善执行环节的行为，反过来，执行环节的复杂度、反馈信息和执行过程的透明度都会对学习环节产生一定的影响。

所谓执行环节的复杂度是指完成一个任务所需要的知识量，例如，一个玩扑克牌的任务需要大约20条规则，而一个医学诊断专家系统可能需要几百条规则。

什么是执行环节的复杂度？

学习系统或人根据执行环节的执行情况，对学习环节所获取的知识进行评价，这种评价就称为反馈信息。学习环节主要根据反馈信息来决定是否需要从环境中进一步获取信息，以修改和完善知识库中的知识。

透明度高的执行环节更容易根据执行效果对知识库的规则进行评价，所以执行环节的透明度越高越好。

想 一 想

❯❯学习环境可分为学校学习环境、家庭学习环境和社会学习环境。请对以下因素进行分类，指出各因素分别属于哪类学习环节。

校舍 博物馆 师资 家庭和睦 公共图书馆 影视娱乐 学风 亲子关系 教学手段 有辅导能力的父母 校风 校外辅导班 家庭收入 艺术馆 独立卧室 实验室 朋友圈 教学条件

学校学习环境　　　　家庭学习环境　　　　社会学习环境

❖ 机器学习环境负责为学习系统提供用某种形式表达的外界信息。请将下面的信息按照信息水平分为高、中、低 3 类。

苹果　桃子　水果　柑橘类　脐橙　芦柑　瓜类　西瓜　蔬菜

❖ 从对事物表述的正确性、选择的适当性和组织的合理性 3 个方面评价以下信息的质量。

① 手机质量评价系统输入的样本信息：[价格，颜色，销售量]。

② 诊断系统输入的样本信息：[咳嗽 = √，体温 = 100.4 ℉，血象 = 高]。

③ 聚类系统的训练样本集包含的 3 个样本：[长，宽，高，周长]，[宽，高，长，周长]，[周长，高，长，宽]，[高，长，宽]。

❖ 机器学习系统的学习环节与人的哪些功能类似？

❖ 机器学习系统的知识库与人的哪些功能类似？

❖ 机器学习系统的执行环节与人的哪些功能类似？

第三节

Section 3

机器学习的基本方法

　　人类在实践中总结了各种行之有效的学习方法和学习策略，好的学习方法会使学习事半功倍。

　　机器学习同样要讲究学习方法和学习策略，并以学习算法的形式予以实现。经过几十年的发展，机器学习领域积累的学习算法日益丰富，为便于学习和理解，研究者们常对这些算法进行适当的分类，不同的分类标准形成不同的分类结果。

　　例如，按照函数性质的不同，机器学习算法可以分为线性模型类和非线性模型类；按照学习准则的不同，机器学习算法可以分为统计类和非统计类；按照学习方式的不同，机器学习算法可分为监督式学习类、非监督式学习类和强化学习类，这种分类方法与人类的学习方式类似，因而更易于理解。下面分别介绍监督式学习(supervised learning)、非监督式学习(unsupervised learning)、强化学习(reinforcement learning)的基本特点，以及将监督式学习与非监督式学习相结合的半监督式学习的基本特点。

　　为了理解监督式学习的特点，我们先想一想自己是如何学习新知识的。

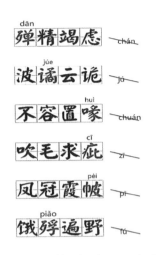

dān
殚精竭虑 —— chán
jué
波谲云诡 —— jú
huì
不容置喙 —— chuán
cī
吹毛求疵 —— zī
pèi
凤冠霞帔 —— pī
piǎo
饿殍遍野 —— fú

在语文课上，老师讲解了 6 个新成语，包括这些成语的读音、释义和用法。对学生这个学习系统来说，这 6 个新成语就是学习系统输入的训练样本，而老师讲解的读音、释义和用法可称为每个样本对应的教师信号或正确答案。

在数学课上，老师讲了一元二次方程的解法，课后作业是解 5 道一元二次方程，每道题都附了答案。对学生这个学习系统来说，这些数学题就是学习系统输入的训练样本，每个样本都有一个对应的正确答案。

(1) 方程 $x^2 = 1$ 的根是 $\underline{x_1 = 1, x_2 = -1}$

(2) 方程 $3x^2 = 48$ 的根是 $\underline{x_1 = 4, x_2 = -4}$

(3) 方程 $x^2 = 0$ 的根是 $\underline{x_1 = x_2 = 0}$

(4) 方程 $x^2 = 7$ 的根是 $\underline{x_1 = \sqrt{7}, x_2 = -\sqrt{7}}$

(5) 方程 $(x+1)^2 = 1$ 的根是 $\underline{x_1 = 0, x_2 = -2}$

归纳：
利用平方根的定义

现在我们来检验一下学生对这两节课的学习效果。学生不能看课本，写出 6 个新成语的读音、释义和用法，并完成 5 道数学题。学生写出来的答案就是

学生这个学习系统对输入样本的实际输出，反映了学生的真实学习效果。接下来，将学生的答案与正确答案进行对比，看看成绩（准确率）是否满足要求。如果学生自己期待的成绩为满分，则学生必须做到他的答案与正确答案之间的差距为零！如果学生觉得及格即可，则至少应达到 60% 的正确率。一般情况下，学生的实际成绩与预期的成绩之间会存在差距，因此需要根据这些差距对学生的学习效果进行改进，即搞清学生究竟错在何处并进行纠错。

在监督式学习中，机器学习系统的输入数据称为训练样本，每个训练样本都对应一个明确的标注[1]。

例如，对手写数字识别系统中的每个手写数字都需事先分别用数字 0，1，

---
[1] 参考《人工智能（上）》第四章第4节相关内容。

2，3，4，5，6，7，8，9 进行标注。这些标注为机器学习系统的训练提供了教师信号或正确答案。在监督式学习过程中，系统将每个输入训练样本的实际输出结果与对应的标注进行比较，根据两者之间的差距（即误差）对学习系统的模型进行调整，直到系统的输出结果达到一个预期的准确率。

再如，对过滤垃圾邮件系统中每一个参加训练的邮件样本，需根据实际情况事先将其标注为"垃圾邮件"或"非垃圾邮件"，机器学习算法对标注的邮件样本进行训练后，提炼出其中蕴含的分类规则，利用这些分类规则即可将未知邮件分类为垃圾邮件或非垃圾邮件。

显然，在监督式学习中起监督作用的是每个训练样本对应的标注信息，有了标注信息就能计算出系统对每个输入样本的实际输出与标注信息之间的误差，并在误差的引导下改进系统性能，从而通过减小乃至消除误差来改善系统性能。

监督式学习常用来解决分类问题和回归问题。

在《人工智能（上）》的"第四章 模式识别"中，我们学习过分类的概念。所谓分类就是先将样本的特征与各个类别的标准特征进行匹配，然后将输入数据标识为特定类的成员。但类别的标准特征往往是未知的，需要采用合适的机器学习算法从大量类别已知的样本数据（称为标注数据）中自动学习类别标准，这个过程就是监督式学习。

图片来源：上海科技馆

回归问题要求算法基于连续数据建立输入－输出之间的函数模型，输入可以是一个或多个自变量，输出是函数值。例如，根据建筑面积 S、位置 P 和与公共交通的距离 D 来预测房价 $Y = f(S, P, D)$。回归算法有线性和非线性之分。

下图给出 2020 年 3 月 23 日—6 月 11 日国外累计确诊新冠肺炎数据，这些数据可以用一条直线来拟合，直线方程是线性方程，故为线性回归。

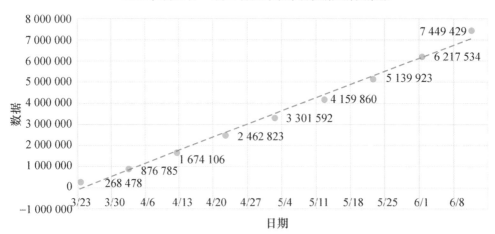

2020年3月23日—6月11日国外累计确诊新冠肺炎数据

下图给出 2020 年 2 月 1 日—5 月 31 日国外累计治愈新冠肺炎数据，这些数据可以用一条指数曲线来拟合，指数方程为非线性方程，故该回归问题为非线性回归。

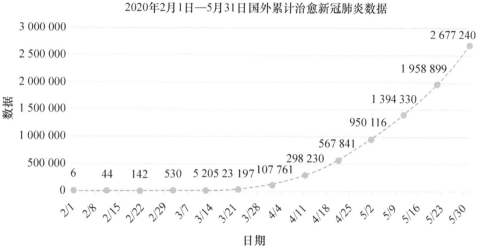

2020年2月1日—5月31日国外累计治愈新冠肺炎数据

非监督式学习

与监督式学习相比，非监督式学习的训练样本没有人为的标注信息。学习系统需根据样本间的相似性自行推断出数据的内在结构。

我们在《人工智能（上）》第四章第五节学过一个概念——聚类 (clustering)。聚类任务的特点是，所有训练样本都没有标注类别信息，对这类样本进行分类实际上是根据样本之间的相似性进行聚类。从学习方式看，聚类就是一种典型的非监督式学习。

异常检测 (anomaly detection) 也是一种常用的非监督式学习。所谓异常就是相对于其他观测数据而言有明显的偏离；所谓异常检测就是一类用于识别不符合预期行为的异常模式的技术，这类技术可以识别出数据中的"另类"，找出那些"不合群"的异常点，如异常交易、异常行为、异常用户、异常事故等。异常检测常见的应用场景主要有以下 5 类。

① 金融领域：从金融数据中识别"欺诈案例"，如信用卡申请欺诈、虚假信贷等。

② 网络安全领域：网络入侵检测可识别可能发出黑客攻击的网络流量中的特殊模式，从而找出"入侵者"。

③ 电商领域：从交易数据中识别"恶意买家"，如恶意刷屏团伙。

④ 系统健康性监测：设备故障发现。

⑤ 工业界：通过异常检测手段进行不合格产品的检测。

异常点主要有 3 种类型。

单点异常（global outliers）。如果某个样本点明显与全局大多数样本点都不一样，则这个"不合群"的单个数据就是异常的。例如，根据"支出金额"异常可以检测信用卡欺诈；再如，一个混入 3 只小黄人之中的海绵宝宝就可以算作单点异常。

图片来源：https://zhuanlan.zhihu.com/p/83601244

上下文异常（contextual outliers）。这类异常多为时间序列数据中的异常行为或现象，如果某个时间点的表现与前后时间段内的表现存在较大的差异，那么该异常为一个上下文异常。例如，旅游期间信用卡的花费比平时高出好多倍，属于正常情况，但如果是被盗刷卡，则属于异常情况；再如，在某个城市的春天气温时序数据中，某一天的最高温度为 5 ℃，而前后时间段的最高气温都在 9~11 ℃ 的范围内，那么这一天的气温就是一个上下文异常。

周四(25日)	雨	11℃/5℃	东北风	<3级
周五(26日)	雨	11℃/4℃	东北风	<3级
周六(27日)	雨	10℃/6℃	东北风转北风	<3级
周日(28日)	雨	5℃/2℃	东北风	<3级
周一(29日)	雨	10℃/6℃	东北风转北风	<3级
周二(30日)	雨	9℃/3℃	北风	<3级
周三(31日)	雨	11℃/5℃	东北风	<3级

集体异常（collective outliers）。这类异常是由多个对象组合构成的，单独看某个个体数据可能并不存在异常，但这些个体同时出现，则构成了一种异常，即只能根据一组数据来确定行为是否异常。例如，蚂蚁搬家式地复制文件，这种异常

通常属于潜在的网络攻击行为。假如某天某单位有一位员工腹泻，这是一件很正常的事，但如果同一天有几十位员工集体腹泻，那就构成了集体异常，因为这有可能是食堂饭菜卫生出了问题。

半监督式学习

监督式学习的所有训练样本都有标注，模型从数据和标注中学习两者的内在关系；非监督式学习的所有训练样本都没有标注，模型从数据中学习它自身的结构。然而，我们在客观世界中遇到的大量情况是：少量有类别标签的样本和大量无类别标签的样本。这就意味着训练集里一部分样本标注了类别，另一部分样本没有标注类别。如果将大量未知类别的样本弃之不用，就会造成数据和资源的浪费。

半监督式学习 (semi-supervised learning) 将非监督式学习与监督式学习相结合，将大量没有类别标签的样本加入到有限的有类别标签的样本中一起进行训练。半监督式学习的理论前提是模型假设，实验研究表明：当模型假设正确时，无类别标签的样本能对学习性能起到改进作用，其效果往往明显优于单纯的监督式学习或非监督式学习；当模型假设不正确时，无类别标签的样本反而会恶化学习性能，导致半监督式学习的性能下降。因此，半监督式学习的效果取决于假设是否与实际情况相符。

最常见的模型假设为聚类假设 (cluster assumption)，即假设样本数据中存在簇结构，同一个簇的样本应属于同一个类别，所以当两个样本位于同一聚类簇时，它们大概率具有相同的类别标签。

图 7-4 所示是一个半监督式学习的训练集，其中蓝色和橙色为标注样本，绿色为无标注样本。

图 7-4　半监督式学习训练集

如果采用监督式学习算法，只能对 10 个标注样本分类进行训练，得到的分类界如图 7-5 所示。

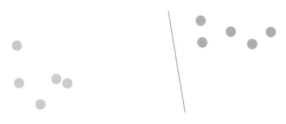

图 7-5　采用监督式学习算法得到的分类界

如果采用半监督式学习算法，全部样本都参加训练。根据聚类假设，得到的分类界如图 7-6 所示，可以看出系统的性能得到改善。

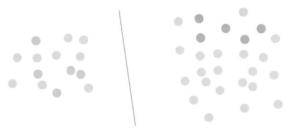

图 7-6　采用半监督式学习算法得到的分类界

▶▶ 强化学习

行为主义学习理论认为，人类的思维是与外界环境相互作用的结果，即"刺激一反应"，刺激和反应之间的联结称为强化。该理论认为，通过环境的改变和对行为的强化，任何行为都能被创造、设计、塑造和改变。

机器学习中的强化学习正是模拟了这种"刺激一反应"学习理论，通过试错与奖惩等手段完成学习任务的。下面我们先看看一款游戏中的强化学习场景。

有一款名为《像素鸟》(*flappy bird*) 的游戏很流行。在这款游戏中，玩家需要单击操作来控制小鸟躲过各种水管，小鸟飞得越远越好，因为飞得越远能获得的积分奖励就越多，这就是一个典型的强化学习场景。

《像素鸟》的游戏界面

为了便于理解，我们不妨用游戏中的具体内容来定义强化学习中的几个关键词：游戏的小鸟角色称为代理或智能体（agent）；需要控制小鸟飞得远，称为目标 (goal)；游戏过程中需要躲避各种水管，称为环境 (environment)；躲避水管的办法是让小鸟努力飞起来，称为动作 (actions)；飞得越远，获得的积分就越多，称为奖励 (reward)。整个过程可以抽象为图 7-7 所示的强化学习示意图。

图 7-7　强化学习示意图

与监督式学习和非监督式学习不同，强化学习主要强调学习代理与环境的交互，其目标就是从交互过程中获取信息，学到状态与动作之间的映射关系，从而指导代理根据状态做出最佳决策，使获得的奖励最大化。在学习怎么做才能使奖励信号最大化的过程中，代理并没有被告知应该采取什么行动，必须通过尝试找到获得最大回报的动作，即如果采取某种策略可以取得较高的得分，那么就进一步"强化"这种策略，以期继续取得较好的结果。这种策略与日常学习和工作中的各种"绩效奖励"非常类似，家长平时也常用这样的策略来激励孩子提高学习成绩。在有些情况下，动作可能不仅影响眼前的收益，而且影响下一个情景，并由此影响所有后续的收益。试错搜索和延迟收益是强化学习最重要的两个特点。

2016 年 3 月 AlphaGo（阿尔法狗）击败了李世石，2017 年 5 月 AlphaGo Master（阿尔法大师）击败了柯洁，而使用强化学习的 AlphaGo Zero（阿尔法零）仅花了 40 天时间，就击败了自己的前辈 AlphaGo Master。

图片来源：https://xw.qq.com/cmsid/SPO2017102001867200

随着 AlphaGo Zero 的成功，强化学习已成为当下机器学习中最热门的研究领域之一，逐渐在游戏、机器人控制、计算机视觉、自然语言处理和推荐系统、教育培训、广告、金融等领域得到应用。

练 一 练

❖ 试判断下图中哪些是监督式学习算法的训练集，哪些是非监督式学习算法的训练集，为什么？

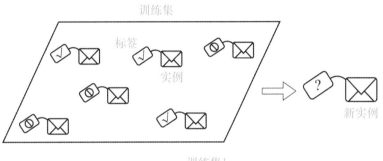

训练集1

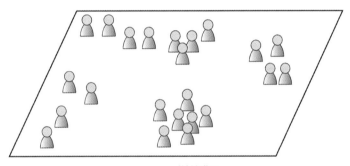

训练集2

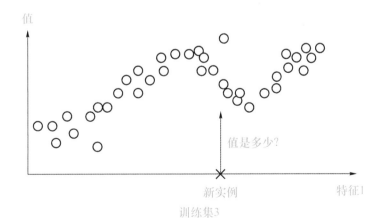

训练集3

◆◆ 你认为下图采用了哪种机器学习算法训练机器人？为什么？

图片来源：http://www.sohu.com/a/241633776_473283

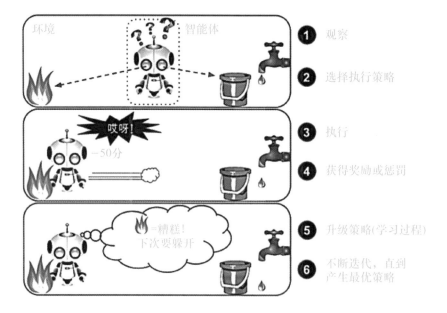

图片来源：https://blog.csdn.net/zw0pi8g5c1x/article/details/83110934

第八章

机器学习的经典算法

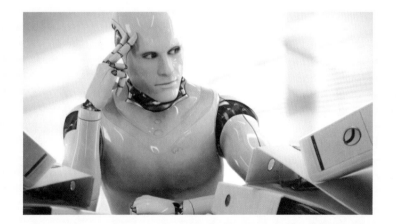

从学习方式看，机器学习算法可归为 4 类：监督式学习、非监督式学习、半监督式学习、强化学习 (图 8-1)。目前应用最广的机器学习方式是监督式学习和非监督式学习。这两类学习方式在长期的发展中积累了很多著名的算法，这些算法在解决分类、回归、聚类和降维等问题时表现出强大的优势。

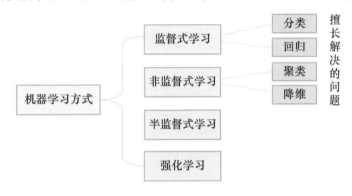

图 8-1　机器学习的 4 类学习方法

本章介绍几个比较简单易懂的经典机器学习算法，由于数学知识的限制，重 点介绍算法的思路和原理。

第一节

Section 1

线性回归算法

>> 线性回归分析与非线性回归分析

用于预测的回归分析技术是最常见的一类监督式学习算法。回归分析是对具有因果关系的变量所进行的分析处理，是一种"由果索因"的归纳过程，其中因变量通常是人们在实际问题中所关心的一类指标，用 Y 表示；影响因变量 Y 取值的因素为自变量，用 X 表示。当我们观测到大量事实所呈现的样态信息时，要推断出这些客观事实之间蕴含着什么样的关系，并设计出一种函数来描述它们之间蕴含的关系，这就是回归分析的任务，即用一个合适的函数 $Y = f(X)$ 来描述大量事实所呈的样态信息关系，这样的函数常称为回归方程或经验公式。

根据函数 $Y = f(X)$ 的性质，可将其分为线性回归 (linear regression) 和非线性回归两类。线性与非线性常用于区别函数 $Y = f(X)$ 与自变量 X 之间的依赖关系。线性函数的 Y 和 X 之间为比例关系，其图像为直线（或平面）；非线性函数的 Y 和 X 之间不存在比例关系，其图像是曲线（或曲面），如图 8-2 所示。

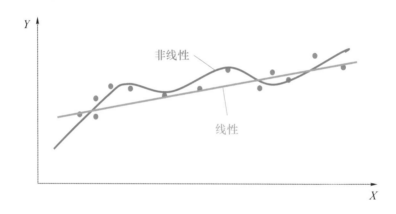

图 8-2　线性函数与非线性函数

线性回归的优点是不需要很复杂的计算，而且可以根据系数给出对每个变量的理解或解释；缺点是拟合非线性数据时可能误差较大，所以需要先判断变量之间是否接近线性关系。在误差允许的情况下，线性回归通常是学习预测模型时的首选技术。

线性回归又可分为一元线性回归和多元线性回归。一元即一个自变量，多元即多个自变量。

一元线性回归的任务是在因变量 Y 和自变量 X 之间建立一个直线方程（图 8-3），称为拟合方程，表达式为

$$Y = a + bX \tag{8-1}$$

式 (8-1) 中，a 表示截距，b 表示直线的斜率。

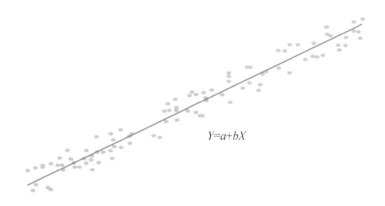

图 8-3　由一元线性回归方程确定的直线

例 1　某产品的广告费 X 与销售额 Y 的统计数据如表 8-1 所示。

表 8-1　某产品的广告费 X 与销售额 Y 的统计数据

X / 万元	2	3	4	5
Y / 万元	26	39	49	54

以广告费为横坐标，以销售额为纵坐标，将 4 个数据点标在图 8-4 所示的平面上。

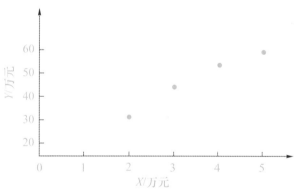

图 8-4　某产品广告费 X 与销售额 Y 的统计数据

图 8-4 称为散点图。可以看出，这 4 个数据点的分布接近一条直线。可以用式 (8-1) 中的方程去拟合这些数据点，但一般来说，这 4 个数据点不可能在同一条直线上。

图 8-5 中的绿线、蓝线和黑线是由不同的 a 和 b 构成的拟合直线，3 条拟合直线带来了不同的误差。各点的实测值 Y_i 与直线上同点的计算值 $Y_{计算}$ 之差称为误差，用 ϕ_i 表示，$\phi_i = Y_i - Y_{计算} = Y_i - (a + bX_i)$。

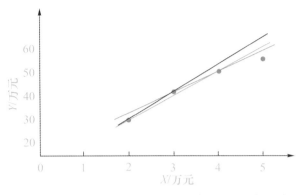

图 8-5　某产品广告费 X 与销售额 Y 的拟合直线

可以看出绿色回归线穿过第一和第三个数据点，在这两个数据点上的误差为零，但在第二和第四个数据点上有误差；蓝色回归线穿过第二和第三个数据点，但在第一和第四个数据点上有误差；黑色回归线穿过第一和第二个数据点，但在第三和第四个数据点上有误差。显然，如果回归线"照顾"了一些数据点，必然会"委屈"了另一些数据点，结果会顾此失彼，在某些数据点上引起较大的误差。

▶▶ 最小二乘法

在研究两个变量 X, Y 之间的相互关系时，通常可以得到一系列成对的数据 (x_1, y_1)，(x_2, y_2)，$\cdots$，(x_m, y_m)，将这些数据描绘在 $X\text{-}Y$ 直角坐标系中，若发现这些数据点在一条直线附近，可以令这条直线方程如式 (8-1)。

最小二乘法又称为最小平方法，是一种数学优化技术。

最小二乘法的原理是，设计一条直线 $Y=f(X)$，使得每个数据点上的误差 ϕ_i 的平方和 ϕ 最小。ϕ 是回归直线与各数据点的总误差，其数学表达式为

$$\phi = \sum_{i=1}^{m} (Y_i - Y_{\text{计算}})^2 \tag{8-2}$$

为什么用每个数据点的误差 ϕ_i 的平方和来度量回归直线的总误差呢？

这是因为 ϕ_i 的值可能是正值，也可能是负值，用误差的平方值可避免正负之别，而且比用误差的绝对值更易于运算。用 ϕ 来度量直线的总误差，可以兼顾到每个误差，因为 ϕ 最小化可以保证每个误差 ϕ_i 都不会很大。

那么，应该如何设计一条最合适的回归线呢？早在 19 世纪初，数学家高斯就找到了一种方法，这就是一直沿用至今的著名的最小二乘法。最小二乘法给出了能确保 ϕ 最小化 的 a 和 b 的计算公式：

$$a = \overline{Y} - b\,\overline{X} \qquad (8\text{-}3)$$

$$b = \frac{m\sum\limits_{i=1}^{m} X_i Y_i - \sum\limits_{i=1}^{m} X_i \sum\limits_{i=1}^{m} Y_i}{m\sum\limits_{i=1}^{m} X_i^2 - (\sum\limits_{i=1}^{m} X_i)^2} \qquad (8\text{-}4)$$

式 (8-3) 中，$\overline{X}$ 和 $\overline{Y}$ 是所有数据点的坐标均值，对于例 1 的数据可以算出

$$\overline{X} = \frac{X_1 + X_2 + \cdots + X_m}{m} = \frac{2+3+4+5}{4} = 3.5$$

$$\overline{Y} = \frac{Y_1 + Y_2 + \cdots + Y_m}{m} = \frac{26+39+49+54}{4} = 42$$

将计算结果代入式 (8-3)，得到 $a = 42 - b \times 3.5$，需要先计算 b，再计算 a：

$$
\begin{aligned}
b &= \frac{m\sum\limits_{i=1}^{m} X_i Y_i - \sum\limits_{i=1}^{m} X_i \sum\limits_{i=1}^{m} Y_i}{m\sum\limits_{i=1}^{m} X_i^2 - (\sum\limits_{i=1}^{m} X_i)^2} \\[2mm]
&= \frac{4 \times (2\times26 + 3\times39 + 4\times49 + 5\times54) - (2+3+4+5)\times(26+39+49+54)}{4\times(2^2+3^2+4^2+5^2) - (2+3+4+5)^2} \\[2mm]
&= \frac{4\times635 - 14\times168}{4\times54 - 196} \\[2mm]
&= \frac{188}{20} \\[2mm]
&= 9.4
\end{aligned}
$$

将 $b = 9.4$ 代入 $a = 42 - b \times 3.5$，得到 $a = 9.1$。由最小二乘法得到的回归方程为

$$Y = 9.1 + 9.4X$$

该回归方程定义的直线如图 8-6 所示。

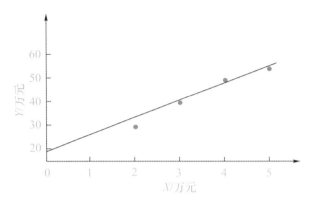

图 8-6　用最小二乘法拟合某产品广告费 X 与销售额 Y 的统计数据

▶▶ 回归分析的步骤

回归分析的主要步骤如下。

第一步，从一组数据出发，确定 Y 与 X 间的定量关系表达式，即建立回归方程并根据实测数据来求解模型的各个未知参数。求解参数的常用方法是最小二乘法。

例 2　研究某产品质量和用户满意度之间的因果关系。设用户满意度为因变量，记为 Y；产品质量为自变量，记为 X。通常可以建立下面的线性关系：

$$Y = a + bX + e$$

式中：a 和 b 为待定参数，a 为回归直线的截距；b 为回归直线的斜率，表示 X 变化一个单位时，Y 的平均变化情况；e 为依赖于用户满意度的随机误差项。

利用最小二乘法与一组用户满意度和产品质量的数据，可求解出回归方程中的待定参数，假设 $a=0.857$，$b=0.836$，可得回归方程为

$$Y = 0.857 + 0.836X$$

回归直线在 Y 轴上的截距为 0.857，斜率为 0.836，即质量每提高一分，用户满意度平均上升 0.836 分；或者说质量提高 1 分对用户满意度的贡献是 0.836 分。

第二步，评价回归模型是否能够很好地拟合实测数据，即对求得的回归方程的可信程度进行检验。

第三步，在许多自变量 X 共同影响着一个因变量 Y 的关系中，判断哪个

（或哪些）自变量的影响是显著的，哪个（或哪些）自变量的影响是不显著的，将影响显著的自变量加入模型中，而剔除影响不显著的自变量。

例3　对某款手机的用户满意度与相关变量进行线性回归分析。

手机的用户满意度应该与产品的质量、价格和形象有关，因此以用户满意度为因变量 Y，以质量 X_1、价格 X_2 和形象 X_3 为自变量，作线性回归分析，假设得到的回归方程如下：

$$用户满意度 = 0.645 \times 质量 + 0.221 \times 价格 + 0.008 \times 形象$$

回归方程的数学表达式为

$$Y = 0.645 X_1 + 0.221 X_2 + 0.008 X_3$$

对于该款手机来说，质量对其用户满意度的贡献比较大，质量每提高1分，用户满意度将提高 0.645 分；其次是价格，用户对价格的评价每提高1分，其满意度将提高 0.221 分；而形象对产品用户满意度的贡献相对较小，形象每提高1分，用户满意度仅提高 0.008 分，因此形象对整个回归方程的贡献不大，应予以删除。所以应重新构建用户满意度与质量、价格的回归方程：

$$用户满意度 = 0.645 \times 质量 + 0.221 \times 价格$$

或

$$Y = 0.645 X_1 + 0.221 X_2$$

第四步，利用所求的回归方程对实际问题的指标 Y 进行预测或控制。

练 一 练

❯❯ 在硝酸钠的溶解实验中，测得不同温度下溶解于 100 份水中的硝酸钠份数的数据如表 8-2 所示，请绘制散点图并用最小二乘法求出回归方程。

表 8-2　不同温度下溶解于 100 份水中的硝酸钠份数

水温 / 摄氏度	0	4	10	15	21	29	36	51
份　　数	66.7	71.0	76.3	80.6	85.7	92.9	99.4	113.6

❯❯ 一般来说，人的体重与身高相关，下面 8 位人士的身高与体重数据如表 8-3 所示，请绘制散点图并用最小二乘法求回归方程。

表 8-3　8 位人士的身高与体重数据

身高 / 厘米	158	159	160	162	165	171	172	176
体重 / 千克	57	60	58	59	63	62	65	66

◆ 2020 年 3 月 23 日—6 月 11 日国外累计确诊新冠肺炎数据如表 8-4 所示，请用最小二乘法求解回归方程，用该方程预测 6 月 21 日的数据，并与实际数据进行对比。

表 8-4　2020 年 3 月 23 日—6 月 11 日国外累计确诊新冠肺炎数据

日　　期	3 月 23 日	4 月 2 日	4 月 12 日	4 月 22 日	5 月 2 日
人　　数	268 478	876 785	1 674 106	2 462 823	3 301 592
日　　期	5 月 12 日	5 月 22 日	6 月 1 日	6 月 11 日	
人　　数	4 159 860	5 139 923	6 217 534	7 449 429	

决策树算法

决策树（decision tree）算法是机器学习中的经典算法，是应用最广的归类推理算法之一，属于监督式学习。在许多机器学习算法中，训练过程得到的模型往往是一个函数，而决策树算法训练后得到的是一个决策树。

▶▶ 动手构造一棵决策树

顾名思义，决策树应该是能做决策的"树"。既然称为树，就要有树的样子，比如要有树根、树枝、树叶。下面我们先通过解决一个分类决策问题，"种出"一棵决策树！

问题描述：李强是一位网球爱好者，他一般是周六上午出去打网球。请根据过去李强周六是否去打网球的记录，预测他下周六上午去不去打网球。

根据李强过去周六是否打网球的实例构成表8-5中的训练样本集。

表 8-5 "李强周六上午是否打网球"的训练实例

实例序号	天 气	温 度	湿 度	风 力	打网球吗？ Yes：是 No：否
1	晴天	很热	很高	弱	No
2	晴天	很热	很高	强	No
3	阴天	很热	很高	弱	Yes
4	雨天	适宜	很高	弱	Yes
5	雨天	很凉	正常	弱	Yes
6	雨天	很凉	正常	强	No
7	阴天	很凉	正常	强	Yes
8	晴天	适宜	很高	弱	No
9	晴天	很凉	正常	弱	Yes
10	雨天	适宜	正常	弱	Yes
11	晴天	适宜	正常	强	Yes
12	阴天	适宜	很高	强	Yes
13	阴天	很热	正常	弱	Yes
14	雨天	适宜	很高	强	No

可以看出，周六上午李强是否打网球取决于当天的气象条件，气象条件可以用天气、温度、湿度和风力 4 个属性描述，分别用 $X_{天气}$，$X_{温度}$，$X_{湿度}$，$X_{风力}$ 表示。每一个属性都有若干可能的取值，称为属性值。例如，天气这个属性有 3 个值（晴天、阴天、雨天）；温度这个属性有 3 个值（很热、适宜、很凉）；湿度这个属性有很高和正常两个值；风力这个属性有强和弱两个值。每一个实例都是用若干个属性和它们的值来描述的。

将"李强周六上午是否打网球"看作一个输出为"Yes"或"No"的目标函数，用 Y 表示，这个函数的自变量就是 4 个属性，即

$$Y = f(X_{天气}, X_{温度}, X_{湿度}, X_{风力})$$

构造决策树可以从任一个属性开始。下面我们从天气属性开始，构造一个"李强周六上午是否打网球"的决策树。天气属性有 3 个值，下图中用 3 个分支来表示。基于天气属性可将整个样本集划分为 3 个子集。接下来，我们分析这 3 个子集的情况。

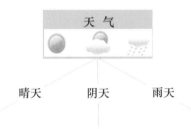

(1) 晴天

晴天的情况在样本集中共出现过 5 次，故这个子集中包含 5 个实例，其中 3 个对应 Y=No，2 个对应 Y=Yes，所以还要进一步将其分类。从样本集中可以看出，晴天时 Y=No 的 3 个实例都对应着 $X_{湿度}$ = 很高的情况，Y=Yes 的 2 个实例都对应着 $X_{湿度}$ = 正常的情况，而 $X_{温度}$ 和 $X_{风力}$ 的值并不影响分类结果，所以需要将晴天

子集中的样本再按照湿度这个属性的取值情况分为两类，一类是"晴天且湿度很高"，其中的 3 个实例全部对应 Y=No；另一类是"晴天且湿度正常"，其中的 2 个实例均对应 Y=Yes。

(2) 阴天

阴天的情况在样本集中出现过 4 次，故这个子集包含 4 个实例。可以看出 4 次阴天的周六，李强都去打了网球，4 个实例无一例外地均对应着 Y=Yes。因此可以归纳出这样一条规律：只要是阴天，李强都去打网球。

(3) 雨天

雨天的情况在样本集中出现过 5 次，故这个子集中包含 5 个实例，其中 2 个实例对应着 Y=No，3 个实例对应着 Y=Yes，所以需要进一步将 5 个实例

分为两类。从样本集中可以看出，雨天时
Y=No 的 2 个实例都对应着 $X_{风力}$ = 强的情况，
雨天时 Y=Yes 的 3 个实例都对应着 $X_{风力}$ =
弱的情况，而 $X_{温度}$ 和 $X_{湿度}$ 的值并不影响该
子集的分类结果。

伴随着整个分析过程，一棵分类决策树
就构造出来了（见图 8-7）！它看起来很像
一棵倒置的树，如图 8-7 所示。决策树中的矩形框对应着实例的属性，称为
决策节点；分类结果称为叶节点；最上面的属性"天气"是根节点；其他属性
都是中间节点。每个属性节点引出的分支代表该属性的值，一般有几个值就产
生几个分支。从根节点开始用属性值扩展分支，对于每个分支，选一个未使用
过的属性作为新的决策节点，如图 8-7 中的"湿度"和"风力"。新选的节点
就如同一个根节点，需用其属性值继续进行扩展，直到每个节点对应的实例都
属于同一类为止，这样就递归地形成了决策树。

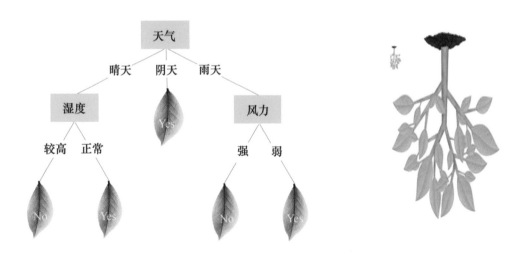

图 8-7　关于"李强周六上午是否打网球"的决策树

选用不同的属性做根节点，得到的决策树也不同。决策树算法给出了如何
选择根节点以及各中间节点的策略。最著名的经典决策树算法是 ID3，它描述
了应该以什么样的顺序来选取样本集中实例的属性并进行扩展。

>> 构造决策树的基本原则

当我们构造一个稍微复杂点的决策树时，首先要解决的问题是如何选择根节点，以及如何逐层选择余下的节点。构造决策树的基本原则是：随着树的深度的增加，分到各个子集的实例"纯度"迅速提高。纯度低意味着样本集中的实例类别很杂；纯度高则意味着样本集中的实例非常一致，几乎属于一个类别。例如，以天气这个属性做根节点时，所有实例构成了 3 个子集，可以看出阴天这个子集中的实例纯度最高，因为所有 4 个实例完全一致。

为了度量样本集的纯度，机器学习领域的学者提出了一些与纯度相关的指标，这些指标与样本集纯度之间的关系应满足：纯度越高，指标的值越低。符合这种关系的度量指标有信息熵和基尼 (Gini) 系数。

知识园地

熵与信息熵

熵是对无序的一种度量，熵越大越无序，熵越小越有序。

信息熵是将熵的理论应用于信息混乱度的描述，在随机变量中可以描述随机变量不确定性的程度；在机器学习的样本集合中，可以用于描述样本集合的纯度。

有了这样的指标，构造决策树的基本原则就可以更严谨地表述为：随着树的深度增加，节点的信息熵（或基尼系数）迅速降低。

考虑对中学生来说，基尼系数更容易计算，我们就以它来介绍"李强周六上午是否打网球"决策树的节点选择。

用 K 表示样本集中实例的种类，表 8-5 中的实例共有两类，使目标函数 $Y=Yes$ 的为一类，使目标函数 $Y=No$ 的为另一类，故 $K=2$。

用 p_k 表示某个实例属于第 k 类的概率，用 $1-p_k$ 表示某个实例不属于第 k 类的概率，则基尼系数可用式 (8-5) 计算：

$$\mathrm{Gini}(p) = \sum_{k=1}^{K} p_k(1-p_k) = 1 - \sum_{k=1}^{K} p_k^2 \qquad (8\text{-}5)$$

在没有构造决策树之前，我们先用式 (8-5) 计算出原始样本集的基尼系数，用以了解样本集的纯度。在 14 个实例中，5 种情况下不打网球，9 种情况下打网球，因此某个实例属于不打网球类的概率为 5/14，属于打网球类的概率为 9/14，代入式 (8-5) 可得基尼系数为

$$1 - \left(\frac{5}{14}\right)^2 - \left(\frac{9}{14}\right)^2 = 0.46$$

如图 8-8 所示，决策树的根节点共有 4 个属性可选，我们需要具体计算哪个属性做根节点最符合"随着树的深度增加，节点的信息熵（或基尼系数）迅速降低"这一构造决策树的原则。

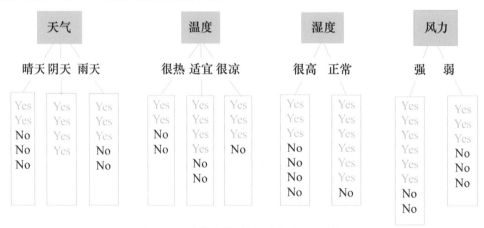

图 8-8 决策树根节点选择的 4 种情况

当根节点为天气属性时，3 个属性分支将 14 个实例划分为晴天、阴天和雨天 3 个子类，各子类的基尼系数分别为

$$\mathrm{Gini}(天气=晴天) = 1 - \left(\frac{2}{5}\right)^2 - \left(\frac{3}{5}\right)^2$$
$$= 1 - 0.16 - 0.36$$
$$= 0.48$$
$$\mathrm{Gini}(天气=阴天) = 1 - \left(\frac{4}{4}\right)^2 - \left(\frac{0}{4}\right)^2$$
$$= 0$$

$$\text{Gini}(\text{天气}=\text{雨天})=1-\left(\frac{3}{5}\right)^2-\left(\frac{2}{5}\right)^2$$
$$=1-0.36-0.16$$
$$=0.48$$

一个实例被划分到 3 个子类的概率分别为 $\frac{5}{14}$，$\frac{4}{14}$，$\frac{5}{14}$，以此为各子类的权重值，对 3 个子类的基尼系数进行加权求和，即可计算出根节点为天气属性时的基尼系数：

$$\text{Gini}(\text{天气})=\frac{5}{14}\times0.48+\frac{4}{14}\times0+\frac{5}{14}\times0.48$$
$$=0.171+0+0.171$$
$$=0.342$$

用同样的方法可算出 Gini(温度)=0.439，Gini(湿度)=0.367，Gini(风力)=0.428。

比较 4 个基尼系数可知，选天气属性做根节点时基尼系数下降最快，可从 0.46 降至 0.342。从根节点向下拓展出 3 个节点，其中每个节点应选哪个属性向下继续拓展，仍然用计算基尼系数的方法来决定。

练 一 练

❯❯ 分别用温度、湿度和风力做根节点，构造 3 个不同的决策树。提示：可参考基于不同根节点划分样本的情况。

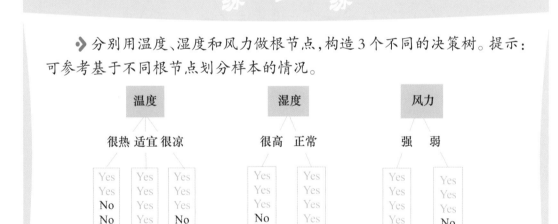

77

❯ 请通过计算基尼系数，为晴天分支和雨天分支选择最佳属性节点。

❯ 根据下图的决策树，判断样本有几个属性？每个属性有几个值？仿照表 8-5 的样子列出关于"选择礼物"的训练样本集。

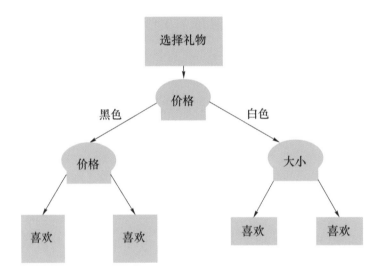

K- 均值算法

K- 均值 (*K*-Means) 算法是一种聚类算法，其中 *K* 表示类别数，Means 为均值。*K*- 均值算法通过预先设定的类别数 *K* 及每个类别的初始质心对相似的数据点进行划分，再利用划分后各类的均值迭代优化新的质心，以获得最优的聚类结果。

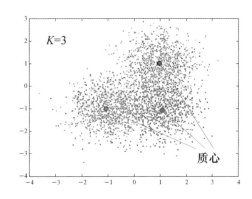

K 值是聚类结果中类别的数量，需要我们事先对数据可能划分的类别数做出估计。

质心是每个类别的聚类中心，*K* 值决定了初始质心的数量。

最简单的 *K*- 均值算法

我们通过一个实例说明 *K*- 均值算法的工作过程。表 8-6 是 2020 年 2 月 1 日北京新增确诊新型冠状病毒肺炎病例的情况。要求用 *K*- 均值算法将这组年龄数据分为 3 类，则 *K* 值为 3。

表 8-6　2020 年 2 月 1 日北京新增确诊新型冠状病毒肺炎病例

序　号	年　龄	性　别	发病时间	初次就诊时间
1	58	女	1 月 28 日	1 月 29 日
2	40	男	1 月 29 日	1 月 30 日
3	35	男	1 月 25 日	1 月 26 日

序 号	年 龄	性 别	发病时间	初次就诊时间
4	60	女	1 月 29 日	1 月 29 日
5	67	女	1 月 22 日	1 月 28 日
6	63	女	1 月 27 日	1 月 27 日
7	82	男	1 月 29 日	1 月 30 日
8	50	男	1 月 23 日	1 月 29 日
9	19	男	1 月 23 日	1 月 29 日
10	47	男	1 月 22 日	1 月 23 日
11	67	女	1 月 29 日	1 月 30 日
12	38	男	1 月 29 日	1 月 29 日
13	65	男	1 月 29 日	1 月 29 日
14	6	女	1 月 24 日	1 月 29 日
15	32	女	1 月 24 日	1 月 31 日
16	37	男	1 月 25 日	1 月 30 日
17	53	女	1 月 22 日	1 月 29 日

第一步：随机选取 3 个类别的初始质心，分别设为 40，50，60。

质心 1	质心 2	质心 3
40	50	60

将 17 个年龄数据排序如下：

新增确诊新冠肺炎患者年龄排序

6	19	32	35	37	38	40	47	50	53	58	60	63	65	67	67	82

观察初始质心在数据集中的分布，可以看出随机选取的 3 个初始质心比较集中，分布并不合理。但接下来我们会看到，随着 K- 均值算法的迭代，各类别的质心将不断向合理的位置移动。

						★		★			★					
6	19	32	35	37	38	40	47	50	53	58	60	63	65	67	67	82

第二步：计算年龄数据与各质心的距离并划分数据。

数据与质心之间的距离用《人工智能（上）》第四章学过的欧氏距离公式计算。由于本例的数据均为 1 维数据，欧氏距离计算式就退化为数据与质心之差的绝对值，即

$$距离 = |年龄数据 - 质心|$$

通过计算，获得每个年龄数据与 3 个初始质心的距离，如下图所示。图中以红色圆标记最小的距离值，年龄数据离哪个质心距离近，就将该数据划归到哪个质心所代表的类别，从而完成对患者的第一次分类。如果年龄数据到两个初始质心的距离相等，则可划分到两类中的任意一个。

年 龄	6	19	32	35	37	38	40	47	50	53	58	60	63	65	67	67	82
距离 1 (40)	(34)	(21)	(8)	(5)	(3)	(2)	(0)	7	10	13	18	20	23	25	27	27	42
距离 2 (50)	44	31	18	15	13	12	10	(3)	(0)	(3)	8	10	13	15	17	17	32
距离 3 (60)	54	41	28	25	23	22	20	13	10	7	(2)	(0)	(3)	(5)	(7)	(7)	(22)
类别 1	6	19	32	35	37	38	40										
类别 2								47	50	53							
类别 3											58	60	63	65	67	67	82

表标题：年龄数据与 3 个初始质心的距离

第三步：计算各类数据的均值，作为该类的新质心。

$$均值 1=(6+19+32+35+37+38+40)/7=29.57 \approx 30$$
$$均值 2=(47+50+53)/3=50$$
$$均值 3=(58+60+63+65+67+67+82)/7=66$$

第四步：以新的质心替代初始质心，返回第二步迭代计算每个数据点到新质心的距离。从下图中可以看到，有底纹的数字为初始质心，红色的数字为新的质心。有两个新质心与初始质心并不是同一个数据，且其位置分布比原来合理。

	★								★					★				
6	19	30	32	35	37	38	40	47	50	53	58	60	63	65	66	67	67	82

通过计算，获得每个年龄数据与 3 个新质心的距离，如下图所示。可以看出，数据"40"到质心 1 和质心 2 的距离相等，数据"58"到质心 2 和质心 3 的距离也相等，考虑类别 2 的数据较少，将"40"和"58"都划到类别 2，完成对患者的第二次分类。

年　龄	6	19	32	35	37	38	40	47	50	53	58	60	63	65	67	67	82
距离 1 (30)	(24)	(11)	(2)	(5)	(7)	(8)	(10)	17	20	23	28	30	33	35	37	37	52
距离 2 (50)	44	31	18	15	13	12	(10)	(3)	(0)	(3)	(8)	10	13	15	17	17	32
距离 3 (66)	60	47	34	31	29	28	26	19	16	13	(8)	(6)	(3)	(1)	(1)	(1)	(16)
类别 1	6	19	32	35	37	38											
类别 2							40	47	50	53	58						
类别 3												60	63	65	67	67	82

年龄数据与 3 个新质心的距离

再次计算各类数据的均值，得到的新质心为 27.83，49.60，67.33，取整后得 28，50，67。

算法停止条件：以上过程不断迭代进行，直到新的质心和前一轮的质心相等，算法结束。

▶▶ 二维数据的 K- 均值算法

K- 均值算法对二维数据的聚类过程可用图 8-9 中的一组图进行形象的描述。

图 8-9 (a) 给出数据集的分布情况，设 $K=2$，随机选择两个类别的初始质心，图 8-9 (b) 分别用红色 × 和蓝色 × 标记两个质心 (x_1, y_1) 和 (x_2, y_2)。

按照前述步骤，分别计算数据集所有点到这两个质心的距离 D，距离计算采用欧氏距离公式：

$$D = \sqrt{(x_1 - y_1)^2 + (x_2 - y_2)^2}$$

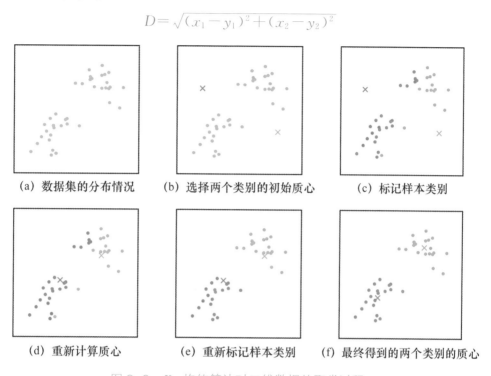

（a）数据集的分布情况　　　　（b）选择两个类别的初始质心　　　　（c）标记样本类别

（d）重新计算质心　　　　（e）重新标记样本类别　　　　（f）最终得到的两个类别的质心

图 8-9　K- 均值算法对二维数据的聚类过程

图 8-9 (c) 中用红色和蓝色标记了每个样本的类别，可以看出，所有红点与红色质心的距离均小于其与蓝色质心的距离；同样，所有蓝点与蓝色质心的距离均小于其与红色质心的距离。经过计算样本与红色质心和蓝色质心的距离，我们得到了所有样本点经第一轮迭代后的类别归属。

对图 8-9 (c) 中标记为红色和蓝色的点分别计算新的质心，如图 8-9(d) 所示，新质心的位置已经改变。图 8-9(e) 和图 8-9 (f) 重复了图 8-9(c) 和图 8-9 (d) 的过程，即将所有点的类别标记为距离最近的质心所代表的类别，然后继续计算新的质心直至质心的位置不再变化。最终得到的两个类别质心如图 8-9(f) 所示。

将以上方法推广到三维及三维以上的高维数据，K- 均值算法的一般步骤如下。

① 随机选取 K 个样本作为初始质心。

② 计算每个样本与各质心之间的欧氏距离，把每个样本分配给距离它最近的质心，每个质心及分配给它的样本代表一个聚类。

③ 全部样本被分配到各质心代表的类别之后，各类别根据现有的样本重新计算质心。

④ 若不满足终止条件则转到②，重复以上过程，若满足终止条件则结束。

K-均值算法的终止条件可以是以下任何一个。

① 没有（或很少）样本被重新分配给不同的类别。

② 没有（或很少）质心再发生变化。

练 一 练

❖ 参考 K-均值算法的一般步骤试编程实现 K-均值算法。

主成分分析算法

▶ 需要对数据进行降维

当我们要对数据集进行分类、聚类或回归时，最好能先绘制出数据的散点图，直观地观察一下数据结构，比如，大致存在几个簇，可分性如何，适用线性回归还是非线性回归。如果在设计一个机器学习系统之前，能做到对数据集的大致分布情况心中有数，则机器学习的效果会大大地提高。

不过，能用视觉直接观察到的维数只能是一维、二维和三维，使用笛卡儿坐标系无法绘制出四维及以上数据。然而，客观世界中成百上千个维度的高维数据比比皆是，当我们想了解高维数据集的结构时，可以通过降维算法将高维数据投影到二维或三维空间中。当我们用统计方法分析多变量的数据集时，变量太多会大大地增加问题的复杂性。此外，在很多问题中，变量之间普遍存在一定的线性相关性，这就造成了被不同变量所代表的数据信息有重叠，这些问题都可以通过降维算法将高维数据投影到低维空间来解决。

1901 年，Pearson 提出了一种数据降维方法，1933 年由 Hotelling 加以发展，形成了目前广泛应用的主成分分析 (Principal Component Analysis，PCA) 算法。后来又陆续出现了很多其他降维算法，如多维缩放 (MDS)、线性判别分析 (LDA)、等度量映射 (Isomap) 等。

▶ 主成分分析算法的基本原理

预备知识：算数平均值、方差和正交。

设一组数据有 n 个数据值：X_1，X_2，$\cdots$，X_n。在统计学中常用算数平均值和方差来描述一组数据，其含义和计算公式如下。

算数平均值 $\overline{X}$：所有数据值之和除以数据总数。计算公式为

$$\overline{X} = \frac{X_1 + X_2 + \cdots + X_n}{n} = \frac{\sum\limits_{i=1}^{n} X_i}{n}$$

方差 S^2：各数据值与其算术平均值之差的平方的算术平均值。计算公式为

$$S^2 = \frac{\sum\limits_{i=1}^{n} (X_i - \overline{X})^2}{n-1}$$

标准差 S：方差的平方根。计算公式为

$$S = \sqrt{\frac{\sum\limits_{i=1}^{n} (X_i - \overline{X})^2}{n-1}}$$

方差反映了每个数据离其算术平均数的远近，方差越大，数据散开的范围就越大，故方差是应用最广泛的数据离散程度的度量值。

正交：数据各个维度之间正交指的是数据在各维度上的值互不相关，彼此独立。

主成分分析算法将许多相关性很高的变量转换成彼此相互独立或不相关的变量，用较少的变量去解释原始数据中的大部分变量。通常是选出比原始变量个数少且能解释大部分数据中的变量的几个新变量，这些新变量就称为主成分。

如果数据的某些维度之间存在较强的线性相关关系，那么样本在这两个维度上提供的信息就会有一定的重复，所以我们希望数据各个维度之间是正交的。此外，出于降低处理数据的计算量或去除噪声等目的，我们也希望能够将数据集中一些不太重要的维度剔除掉。

那么如何鉴别哪些维度是不太重要的呢？显然，如果数据在某个维度上方差很小，意味着数据在这个维度上变化很小，所以这个维度就不太重要，可以考虑予以剔除。从图 8-10 可以看出，数据在 X 轴和 Y 轴两个维度上存

在着明显的相关性，两者变化的大致趋势是：当 X 值增大时，Y 值多数情况下也会增大，所以数据在这两个维度上的变化不是独立的。当我们知道数据的 X 值时，也能大致估计出 Y 值的分布，因为数据的 X 值和 Y 值提供的信息有较多的重复。从图 8–10 可以看出，在绿色箭头标注的方向上数据的方差较大，而在蓝色箭头方向上数据的方差较小。所以可以考虑利用蓝色箭头和绿色箭头表示的单位向量来做一个新的坐标系，换句话说，就是将原来的坐标系逆时针方向转一个角度。

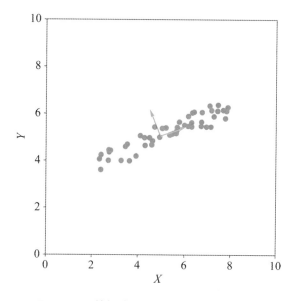

图 8–10　数据在两个维度上相关的情况

从图 8–11 可以看出，原来不同维度间线性相关的数据在新的坐标系中变成了线性不相关的数据。由于数据在绿色箭头方向上的方差很大（直观地看，即数据最分散），所以这个维度的信息就是主成分；数据在蓝色箭头方向上的方差较小，在需要降低数据维度的时候，可以将蓝色维度上的数据丢弃，将二维数据降为一维数据，事实上这样做并不会损失较多的信息。主成分分析就是通过这种从原坐标系到新坐标系的变换来发现数据中的主成分的。

图 8–11　数据在两个新维度上不相关

下面我们将上述例子推广到一般情况，来进一步介绍主成分分析算法。

主成分分析算法的主要思想是：将 n 维特征映射到 k 维空间上，该 k 维特征是在原来 n 维特征的基础上重新构造出来的，具有互不相关的正交特性，称为主成分。

具体做法是：从原始的 n 维空间中顺序地找出一组相互正交的坐标轴，新坐标轴的选择与数据本身是密切相关的。其中，第一个新坐标轴选择原始数据中方差最大的方向，第二个新坐标轴选择与第一个坐标轴正交的平面中使得方差最大的方向，第三个新坐标轴选择与第一、二个坐标轴正交的平面中方差最大的方向，依次类推，可以得到 n 个这样的坐标轴。通过这种方式获得新坐标轴后，数据在前 k 个坐标轴方向上的方差较大，而在余下的坐标轴上的方差几乎为零。这样就可以忽略余下的坐标轴，只保留前面 k 个含有绝大部分方差的坐标轴。事实上，相当于只保留了 k 个维度的特征，而忽略了数据方差几乎为零的那些维度，从而实现对数据特征的降维处理。

主成分分析算法的操作本质就是做坐标轴的旋转变换，这可以直观地理解为通过旋转选择一个最合适的角度来观测样本。例如，我们用相机拍摄三维世界的物体，得到的照片都是二维的，相当于将三维样本降为二维样本。降维后的样本（照片）是否基本保留了原样本（实物）的大部分信息呢？这显然与拍摄角度有关。例如，图 8-12 (a)、图 8-12 (b)、图 8-12 (c) 分别为左视图、俯视图和主视图，这几个拍摄角度都损失了大量样本信息，而图 8-12(d) 则很好地保留了样本信息。

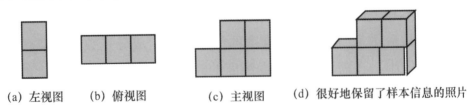

(a) 左视图　(b) 俯视图　　　(c) 主视图　　(d) 很好地保留了样本信息的照片

图 8-12　不同拍摄角度下的同一样本

主成分分析算法

例 1　用主成分分析算法将二维数据降为一维数据。设有 5 个二维数据：$(-1，-2)$，$(-1，0)$，$(0，0)$，$(2，1)$，$(0，1)$。首先将这些数据以红色星号"*"

标在图 8-13 所示的二维平面上。

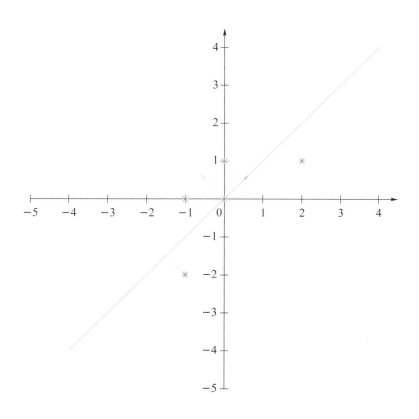

图 8-13 二维原始数据

选择原始数据中方差最大的方向为第一个新坐标轴的方向，如图 8-13 中蓝色箭头所示，选择与第一个新坐标轴垂直的方向为第二个新坐标轴的方向，如图 8-13 中绿色箭头所示。可以看出，原始坐标系逆时针旋转了 45°。由于在绿色坐标轴方向上数据的方差较小，故略去该维度。将 5 个二维数据投影到第一个新坐标轴上，即得到降维后的一维数据，它们是图 8-14 中一维数轴上的点：$-3/\sqrt{2}, -1/\sqrt{2}, 0, 1/\sqrt{2}, 3\sqrt{2}$。

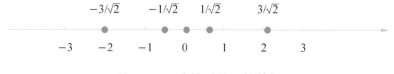

图 8-14 降维后的一维数据

以上例子过于简单，以至于我们可以从散点图上直接观测到新坐标轴的方向。在将主成分分析算法用于实际问题时，数据的维数可高达数百维，因此选择新坐标轴需要用数学的方法解决，本节只需学生了解和体会主成分分析算法降维的基本原理。

例 2　用主成分分析算法将三维数据降为二维数据。设有 1 000 个三维样本，其在三维空间的分布如图 8-15 所示。

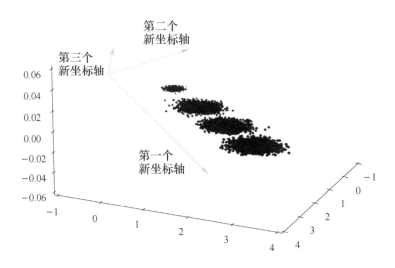

图 8-15　1 000 个样本在三维空间的分布

根据数据在不同方向上方差的大小，可以找到 3 个新的坐标轴，从图 8-15 可以看出，相当于将原来的坐标系旋转了一个角度。在新坐标系中，数据在第一个新坐标轴方向上的方差最大，因此数据在该方向上的分量为第一主成分；依次类推，第二个新坐标轴方向上的数据分量为第二主成分；第三个新坐标轴方向上数据的方差最小，降维时予以忽略，从而将三维数据降为二维数据。

可以看出，这些样本在原始三维空间的分布为 4 个簇。用主成分分析算法将这些样本降为二维数据后，其分布如图 8-16 所示。

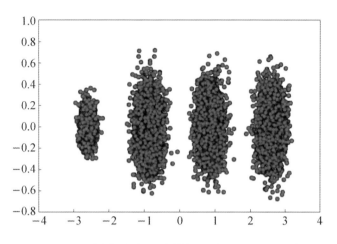

图 8-16 样本降为二维数据后在平面上的分布

在降维后的二维平面上依然能够清晰地看到三维空间中的 4 个簇，可见降维后数据集的结构没有发生改变。

在例 1 和例 2 中，数据是可视的，可以通过绘制散点图来观察数据的分布情况。实际上，主成分分析算法主要用于高维数据的降维，这些数据是无法用笛卡儿坐标系来描述的，但高维坐标系的旋转原理与例 1 和例 2 的旋转原理是相同的。

例 3 基于主成分分析算法的图像降维及图像重构。下图 (a) 中的原始图像为高维样本，维度高达 1 000。经主成分分析算法降至 44 个维度，用 44 维样本重构的图像如下图 (b) 所示。可以看出，在维度由 1 000 降到了 44 的情况下，重构后图像特征依然明显，显著地减小了图像分类的计算量。

(a) 原图样本为 1 000 维数   (b) 用 44 维样本重构图像

试 一 试

▶ 机器学习的输入数据有 1 000 个特征 $x_1, x_2, \cdots, x_{1000}$ 和 1 个目标函数 $y=(x_1, x_2, \cdots, x_{1000})$，根据输入特征和目标特征之间的关系选择 100 个最重要的特征。你认为这是减少维数的例子吗？

A. 是 　　　　　　　　　　B. 不是

▶ 哪项是对主成分分析算法的正确描述？

① 主成分分析算法是一种无监督式学习方法。

② 它搜索数据具有最大差异的方向。

③ 所有主成分彼此正交。

A. ①和② 　　B. ①和③ 　　C. ②和③ 　　D. ①、②和③

▶ 观察下面的散点图，按照你对主成分分析算法的理解画出新坐标轴的大致方向。

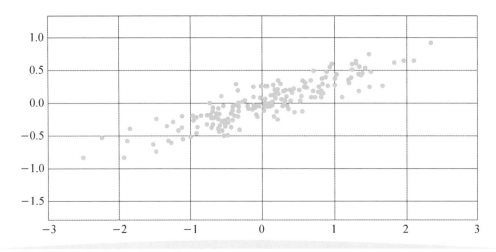

第九章

群体智能算法

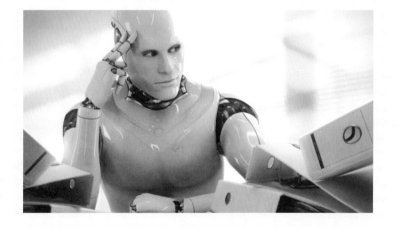

第
一
节

Section 1

优化与群体智能算法的概念

优化问题自然地分成两类：一类是连续变量的问题，另一类是离散变量的问题。

连续变量问题的优化称为函数优化，待优化的函数称为目标函数。优化的任务是：在已知的约束条件下，寻找一组参数的组合，使由该组合确定的目标函数达到最大值或最小值。

离散变量问题的优化称为组合优化，常涉及排序、分类、筛选、决策等问题。

什么是函数优化

在许多实际问题中，因变量的值依赖于几个自变量。例如，某种商品的市场需求量 z 不仅与其市场价格 x 有关，而且与这种商品的其他代用品的价格 y 有关，则因变量 z 和自变量 x，y 之间的关系可表示为函数 $z=f(x, y)$。当目标函数 $z=f(x, y)$ 代表做某事的经济效益时，函数优化的目的是寻找能使效益 z 最大化的 x 和 y 的组合（如图 9-1 所示）；当 $z=f(x, y)$ 代表做某事的成本时，函数优化的目的是寻找使成本 z 最小化的 x 和 y 的组合。使目标函数取最优值的自变量组合 (x_0, y_0) 称为最优解。

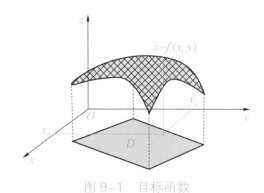

图 9-1 目标函数

图片来源：百度百科词条多元函数

▶▶ 什么是组合优化

我们在生活和工作中随时随地会遇到各种各样的组合优化问题。很多时候都需要对待解决的问题给出一个最佳方案，做出一个最优决策，在数学上称为寻求最优解（或简称"寻优"）。

例如，"十一"黄金周马上就要到了，你准备和父母一起出去旅游。在制订旅游计划时，需要对很多问题做出最优决策：选择哪些旅游景点？选择哪条旅行路线？选择什么交通工具？如何分配在不同景点逗留的时间？

人类具有综合分析、权衡利弊、统筹兼顾等能力，是解决组合优化问题的高手。但是，当我们面对的是由大规模群体活动形成的社会问题时，仅靠拍脑袋去找最优解就非常困难了。

例如，解决大城市交通拥堵问题的最优方案是什么？怎样治理雾霾最有效？减少交通事故的最佳措施是什么？

图片来源：新华社发，翟桂溪作

对于这类群体规模大、影响因素多且随着时间发生改变、活动个体分布范围广的复杂社会问题，往往很难写出优化目标与影响因素之间的函数关系，需要借助计算机和各种有效的优化算法来寻找最优解。其中，群体智能算法就是优化算法中的佼佼者。

群体智能算法是用数学方法对自然界某些生物群体的智能行为进行模拟的算法。人们在观察自然界的鸟兽鱼虫等生物群体的行为时惊奇地发现，在这些生物群体中，每个个体的能力都微不足道，但整个群体却呈现出很多令人不可思议的智能行为：蚁群在觅食、筑巢和合作搬运过程中的自组织能力，蜂群的角色分工和任务分配行为，鸟群从无序到有序的聚集飞行，狼群严密的组织系统及其精妙的协作捕猎方式，鱼群通过觅食、聚群及追尾行为找到营养物质最多的水域等。这些历经数万年进化而来的群体智能为人造系统的优化提供了很多可资借鉴的天然良策。

蚁群算法

当一群蚂蚁浩浩荡荡地出发觅食时，看起来是如此笃定，以至于我们常常以为蚂蚁们一定知道自己要去哪儿和做什么。

事实真的是这样吗？

Macro Dorigo

意大利学者 Macro Dorigo 等人在观察蚂蚁的觅食习性时发现，蚂蚁虽然视觉不发达，但它们在没有任何提示的情况下总能找到巢穴与食物源之间的最短路径。

蚂蚁为什么会有这样的能力呢？进一步研究发现，原来蚂蚁的秘密武器是一种遗留在其来往路径上的挥发性化学物质——信息素 (pheromone)，蚂蚁正是通过信息素来进行通信和相互协作的。

实际上，蚂蚁在开始寻找食物时并不知道食物在什么地方，它们只是各自向不同的方向漫无目的地随机寻找，这就形成了初始觅食方案的"多样性"。

蚂蚁在寻找食物源的时候，在其经过的路径上释放一种称为信息素的激素，使一定范围内的其他蚂蚁能够察觉到。当一只幸运的蚂蚁发现食物后，它会一路释放信息素与周围的蚂蚁进行通信，于是附近的其他蚂蚁就被吸引过来。信息素会随着时间的流逝逐渐挥发，直至消失，但找到食物的新蚂蚁们会释放更多的信息素，这样越来越多的蚂蚁会找到食物。由于离食物源越短的路径上信息素浓度越高，所以更多的蚂蚁渐渐地被吸引到短路径上来。当某条路径上通过的蚂蚁越来越多时，信息素浓度也就越来越高，蚂蚁们选择这条路径的概率也就越高，结果导致这条路径上的信息素浓度进一步提高，蚂蚁走这条路的概率也进一步提高，这种选择过程称作"正反馈"。

如图 9-2 所示，正反馈的结果会导致出现一条被大多数蚂蚁重复的最短路径，这就是寻找食物的"最优"路径，是蚂蚁群体在解决觅食这个问题时，通过分布式协作给出的优化方案。尽管蚂蚁并不知道如何寻找最短路径，但由于每只蚂蚁个体都遵循了"根据信息素浓度进行路径选择"这样一条天生的规则，所以整个蚁群系统就能呈现出"找到最优路径"这一群体智能效果。

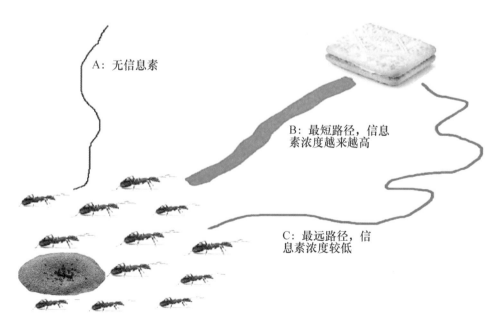

图 9-2　正反馈的结果使最短路径上的信息素浓度不断提高

在所有蚂蚁都没有找到食物的时候，环境中就没有可用的信息素，那么蚂蚁有没有相对有效的方法找到食物呢？答案是肯定的，这是因为在没有信息素的时候蚂蚁们采用了一种有效的移动规则。首先，每只蚂蚁都会随机选择并保持一个固定方向不断向前移动，而不会原地转圈或者震动；然后，当蚂蚁碰到障碍物时会立即改变方向而不会"一条道走到黑"，这种行为可以看作环境中的障碍物使蚂蚁对开始时的错误方向进行了纠正。

当大量蚂蚁向四面八方出发觅食时，早晚会有一只蚂蚁最先发现食物，于是其他蚂蚁们就会在信息素的引导下沿着最短路径很快地向食物聚集。不过，我们也不能完全排除会出现这样的情况：在最初的时候，一部分蚂蚁随机选择了同一条路径，随着这条路径上蚂蚁释放的信息素越来越多，更多的蚂蚁也选择了这条路径，但这条路径并不是最优（即最短）的，导致蚂蚁找到的不是最优解，而是次优解。

蚁群算法的规则

化学通信是蚂蚁采取的基本信息交流方式之一，在蚂蚁的生活习性中起着重要的作用。M.Dorigo 等人利用生物蚁群个体间简单的信息传递，搜索从蚁巢至食物间最短路径的集体寻优特征，于1991年首先提出了人工蚁群算法，简称蚁群（Ant Colony Optimization，ACO）算法。

用蚁群算法解决优化问题的基本思路为：用蚂蚁的行走路径表示待优化问题的可行解，整个蚂蚁群体的所有路径构成待优化问题的解空间；较短路径上的蚂蚁释放的信息素量较多，随着时间的推进，较短的路径上累积的信息素浓度逐渐增高，选择该路径的蚂蚁个数也越来越多；最终，整个蚁群会在正反馈的作用下集中到最佳的路径上，此时对应的便是待优化问题的最优解。

ACO 算法对人工蚂蚁的活动范围和环境作了如下规定。

（1）感知范围

每只人工蚂蚁能感知和移动的范围是一个方格世界，其大小用一个称为速度半径的参数表示。例如，速度半径为 3，则蚁群能感知和移动的范围就是 3×3 个方格世界。

（2）环境信息

人工蚂蚁及其所在的环境都是虚拟的，在这个虚拟世界中，存在着障碍物和其他蚂蚁，以及找到食物的蚂蚁播撒的食物信息素。每只蚂蚁只能感知到其观察范围内的信息素，而且这些信息素会以一定的速率消失。

为了模拟生物蚁群的群体智能，ACO 算法从生物蚁群的觅食行为中抽象出 4 条规则。

（1）觅食规则

在蚂蚁能感知的范围内首先寻找是否有食物存在。若有食物则直接向食物移动，否则判断是否有食物信息素存在，以及哪一位置的信息素最多，然后向信息素最多的位置移动。

（2）移动规则

有信息素存在时，每只蚂蚁都朝向信息素最多的方向移动。当环境中没有信息素指引时，蚂蚁会按照自己原来运动的方向惯性地运动下去。在运动的方向上会出现随机的小扰动，为了防止原地转圈，它会记住刚才走过了哪些点，如果发现要走的下一点已经在之前走过了，它就会尽量避开。

（3）避障规则

如果蚂蚁要移动的方向有障碍物挡路，它会随机选择一个方向避开障碍物；如果环境中有信息素指引，它会遵循觅食规则。

（4）信息素规则

蚂蚁在刚找到食物的时候播撒的信息素最多，随着它走的距离越来越远，播撒的信息素越来越少。

可以看出，尽管蚂蚁之间并没有直接的接触和联系，但是每只蚂蚁都根据这 4 条规则与环境进行互动，从而通过信息素这个信息纽带将整个蚁群关联起来了。

> **蚁群算法的特点**

总结蚁群算法的特点，可以了解人工智能的几个重要的概念。

（1）自组织

如果一个系统能在没有外界干预的情况下自发地获得时空结构或者功能

结构，这样的系统就是自组织系统。在蚁群算法开始运行的初始阶段，每只人工蚂蚁个体都在无序地寻找解（食物所在地），算法经过一段时间的演化后，人工蚂蚁间通过信息素的作用自发地越来越趋近最优解，这正是蚁群从无序到有序的自组织过程。因此，蚁群算法是一种典型的自组织算法。

（2）并行性

人工蚂蚁分布在不同的位置同时开始进行各自独立的解搜索，这个搜索过程彼此独立，仅通过信息素进行通信，所以蚁群算法是一种本质上并行的算法。并行性不仅可以增加算法的可靠性，更重要的是能够赋予算法较强的全局搜索能力。

（3）正反馈

从蚂蚁觅食的过程中不难看出，蚂蚁最终能找到最短路径，靠的是最短路径上积累了最多的信息素，而信息素的积累是一个正反馈过程。蚁群算法采用的反馈方式是在较优解的路径上留下更多的信息素，而更多的信息素又吸引了更多的蚂蚁，这个正反馈的过程引导整个系统向最优解的方向进化。因此，正反馈是蚁群算法的重要特征，它使得算法演化过程得以进行。

以蚁群算法为代表的蚁群智能已成为分布式人工智能研究的一个热点，多年来世界各地的研究工作者对上述基本蚁群算法进行了深入研究、改进和应用开发，并将其大量应用于数据分析、机器人协作问题求解、电力、通信、水利、采矿、化工、建筑、交通等领域。

想 一 想

清晨，蚂蚁们四散到各处觅食，忽然有只蚂蚁发现了一只死去的蚂蚱，它赶紧向回巢的路上移动，准备搬兵。不一会，附近的蚂蚁们和巢中的蚂蚁们迅速从四面八方赶来向蚂蚱聚集，蚂蚁们奋力搬运，很快就形成一列长长的队伍，将食物搬回蚁巢。

请同学们想一想：

① 为什么附近的蚂蚁如同接到通知一样从各处赶来搬运食物？

② 如果蚂蚁们下午再出来觅食，它们还会沿着上午那条路原路返回到食物源处，去找剩下的蚂蚱残块吗？为什么？

③ 蚂蚁们将食物搬回蚁巢时，如何找到回家的最短路径？蚂蚁找

窝行为和觅食行为有何异同？

图片来源：http://www.pep.com.cn/czsw/rjbczsw/rjczswtp/201409/
t20140905_1440813.html

④ 假设从食物源返回蚁巢的蚂蚁们途中碰到了障碍物，而且此时障碍物左右两侧的信息素浓度相同，你认为它们会按图 9-3 所示的那样移动，还是按图 9-4 所示的那样移动？为什么？

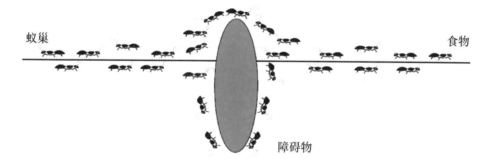

图 9-3　蚂蚁选择向左和向右的概率各占一半

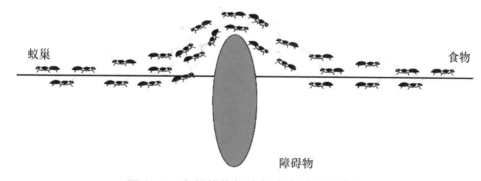

图 9-4　全部蚂蚁都选择向右的最短路径

第三节

Section 3

蜂群算法

蜜蜂是一种群居昆虫，人们通过观察发现，虽然单个蜜蜂的行为极为简单，但是它们组成的群体却表现出非常复杂的行为。

自然界的蜜蜂能够在任何环境下高效率地发现优质蜜源，这是因为蜜蜂种群根据各自的分工完成不同的活动，并能以特有的方式实现蜂群间的信息共享和交流，从而找到问题的最优解。

蜜蜂采蜜是一个分工协作的行为。部分蜜蜂作为侦察蜂在蜂巢附近寻找蜜源，一旦发现了蜜源，它们会用管状的口器（喙）将花蜜吸进蜜囊中，将蜜囊装满后就飞回到巢中。

侦察蜂把带回的花蜜分给其他蜜蜂，让它们品尝并熟悉花蜜的气味，同时还振动翅膀，摆动身体，翩翩起舞，用特殊的舞蹈语言向同伴描述自己的发现。得到信息的蜜蜂就飞向蜜源地，开始采集花蜜。

蜜蜂在长期进化过程中，发展了一套基于舞蹈语言的通信联络系统，使得整个蜂群能够进行协调一致的行动。为了破解蜜蜂的舞蹈语言，早在 1915 年，德国生物学家卡尔·冯·弗里希（Karl von Frisch）就与自己的学生和同事对蜜蜂进行

卡尔·冯·弗里希

了长达50多年的试验研究。弗里希要求自己的助手把一个蜂蜜盘放在附近的某个地方，自己则守在蜂窝的旁边。很快，有一只蜜蜂发现了蜂蜜盘，飞回蜂窝，开始用它的舞蹈语言向同伴描述自己的发现。后来科学家们认真仔细地观察蜜蜂的行为并做了大量的记录，经过无数次试验，他们终于懂得了蜜蜂各种舞蹈形式的意义，将蜜蜂的舞蹈语言成功地解码了。

科学家们发现，与蜜源地点有关的舞蹈基本上是两种：圆舞和"∞"字形的摆尾舞。两种舞之间以刀形舞过渡 (图 9-5)。

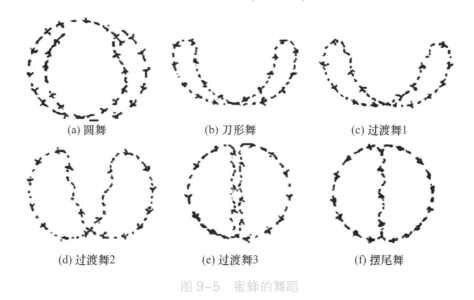

(a) 圆舞　　　　　　　(b) 刀形舞　　　　　　　(c) 过渡舞1

(d) 过渡舞2　　　　　(e) 过渡舞3　　　　　　(f) 摆尾舞

图 9-5　蜜蜂的舞蹈

图片来源：http://mini.eastday.com/a/190321162557849.html

（1）圆舞

侦察蜂在离蜂巢较近的地方 (100 米以内) 采回花蜜时，把采到的花蜜从蜜囊里返吐出来，身旁的同伴们用管状喙把它吸走。然后，它在一个地方转着小圆圈跳起圆舞，圆舞的意思是蜂巢附近发现了蜜源，以动员它的同伴们出去采集。第一批加入的蜜蜂采了花蜜返回蜂巢后，也会跳起圆舞。

（2）摆尾舞

蜜蜂如果在离蜂巢较远的地方采到花蜜，按照弗里希的描述，它返回蜂巢吐出花蜜后，会在蜂巢上右一圈、左一圈地跳起"∞"字形的摆尾舞。蜜蜂在跳"∞"字形舞蹈的直线阶段，沿直线蹒跚爬行时不断地振动翅膀，发出嗡嗡声，同时腹部还会左右摆动，如图 9-6(a) 所示。

弗里希发现，摆尾舞传递的信息非常丰富。摆尾舞的持续时间决定了蜜源距离的远近，蜜源地点越远跳摆尾舞的时间越长。摆尾的方向表示采集地点的方位，它的平均角度表示采集地点与太阳位置的角度。如果蜜源位于太阳的同一方向，舞蹈蜂会先向一侧爬半个圆圈，然后头朝上爬一直线，同时左右摆动它的腹部，爬到起点再向另一侧爬半个圆圈，如图 9-6(b) 所示。如此反复在一个地点做几次同样的摆尾舞，再爬到另一个地点进行同样的舞蹈。如果蜜源位于与太阳相反的方向，舞蹈蜂在直线爬行摆动腹部时头朝下。蜜源位于与太阳同一方向但偏左呈一定角度时，舞蹈蜂在直线爬行摆动腹部时，头朝上偏左与一条想象中的虚拟重力线呈一定角度〔图 9-6(c)〕。找到蜜源的蜜蜂通过跳舞这种方式，能够吸引蜂巢内其他蜜蜂的注意。一旦这些蜜蜂把这段舞蹈看过 5~6 遍，就会立即飞往蜜源地点，就如同装了导航系统一样。

如果几只侦察蜂同时发现了多个不同的蜜源，一开始会有几拨蜜蜂跟随不同的侦察蜂前往不同的蜜源。当某个蜜源在采蜜后质量仍然很高时，蜜蜂们会回到蜂巢继续通过舞蹈招募更多的同伴，因此跟随采蜜的蜜蜂数量取决于蜜源质量。蜜蜂的此种行为对于整个蜂巢的生存来说极为重要，因为这种方式能保证蜂群快速地找到高质量的蜜源。

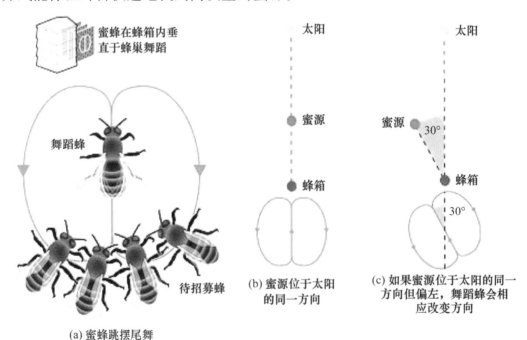

(a) 蜜蜂跳摆尾舞

(b) 蜜源位于太阳的同一方向

(c) 如果蜜源位于太阳的同一方向但偏左，舞蹈蜂会相应改变方向

图 9-6　蜜蜂用舞蹈语言描述蜜源信息

由此可见，蜂群快速高效地找到高质量蜜源的群体智能行为是通过任务分工、信息交流、角色转换与协作实现的，这些行为为人工蜂群算法提供了很好的借鉴。

受蜂群采蜜行为呈现出的群体智能的启发，土耳其学者 D.Karaboga 等人在 2005 年提出了一种新颖的全局优化算法——人工蜂群（Artificial Bee Colony，ABC）算法，以解决多变量函数优化问题。目前，ABC 算法已在函数优化、神经网络训练以及控制工程等领域得到了许多成功应用。

图 9-7 给出了蜂群算法基本模型包含的 3 个组成要素：食物源、雇佣蜂（employed foragers）和非雇佣蜂（unemployed foragers）。

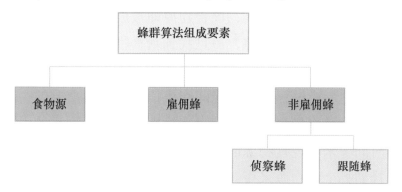

图 9-7　蜂群算法基本模型组成要素

食物源的位置即待优化问题的解，食物源的质量由离蜂巢的远近、花蜜的丰富程度和获得花蜜的难易程度等多方面的因素决定。蜂群算法使用食物源的"收益率"（profitability）这个参数来代表影响食物源质量的各个因素。质量高的食物源将招募到更多的蜜蜂来采蜜。

雇佣蜂是已经找到食物源的蜜蜂，又称为引领蜂（leader），每个引领蜂都对应一个特定的食物源。引领蜂储存了某个食物源的相关信息，如食物源相对于蜂巢的距离与方向、食物源的丰富程度等，并将这些信息以一定的概率与其他蜜蜂分享。

非雇佣蜂是没有发现食物源的蜜蜂，又分为侦察蜂（scouter）和跟随蜂（onlooker）。侦察蜂的任务是搜索蜂巢附近的新食物源；跟随蜂的任务是在蜂巢中观察引领蜂的舞蹈，获取其提供的信息，并根据这些信息选择合适的食物源。

在蜂群算法的初始时刻，蜂群由侦察蜂和跟随蜂组成。侦察蜂首先对食物源进行搜索，其搜索策略可以由系统提供的先验知识决定，也可以采取完全随机的方式。经过一轮侦察后，若侦察蜂找到食物源，它的角色就转变为引领蜂，在算法的"舞蹈区"将食物源信息传递给跟随蜂。跟随蜂观察各引领蜂的食物源信息，并选择优质食物源进行跟随，同时在食物源附近进行邻域搜索。如果跟随蜂搜索到的新食物源比原引领蜂的旧食物源的收益率更高，则以新食物源替换旧食物源，同时跟随蜂的角色转变为引领蜂。如果某个食物源的收益率很长时间未被更新，该食物源即被放弃，对应的引领蜂转换为侦察蜂，重新开始搜索新食物源，一旦找到新食物源，其身份再次转换为引领蜂。

在群体智能的形成过程中，蜜蜂间交换信息是最为重要的一环。蜂群算法中的舞蹈区是蜂巢中最为重要的信息交换地。不同食物源的引领蜂通过摆尾舞的持续时间等来表现食物源的收益率，而跟随蜂可以依据不同食物源的收益率来选择到哪个食物源采蜜。蜜蜂被招募到某一个食物源的概率与食物源的收益率成正比。

蜜蜂在采蜜结束回到蜂巢卸下蜂蜜后，将选择以下 3 种行为模式：

① 食物源质量差，放弃找到的食物源而成为跟随蜂；

② 食物源质量高，跳摆尾舞为所发现的食物源招募更多的蜜蜂，然后回到食物源采蜜；

③ 食物源质量高，继续返回原食物源采蜜而不招募其他蜜蜂。

跟随蜂则选择以下两种行为模式：

① 转变成侦察蜂并搜索蜂巢附近的食物源；

② 在观察完摆尾舞传递的信息后，被招募到某个食物源采蜜。

图 9-8 描述了蜂群算法中各类蜜蜂的行为模式。

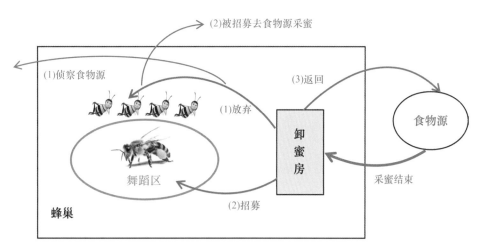

图 9-8　蜂群算法中各类蜜蜂的行为模式

▶▶ 蜂群算法如何寻优

蜂群算法将食物源的位置看作问题的解，食物源的收益率对应解的优劣程度，高收益率的食物源对应着高质量的解。用蜂群算法寻找食物源的过程就是寻找优化问题最优解的过程。

蜂群算法的主要特点是只需要对问题的解进行优劣的比较，就能找到最优解。假设 3 只引领蜂同时提供了 3 个食物源的信息，跟随蜂会选择其中收益率最高的食物源 X；如果之后又在食物源 X 附近发现新的食物源 Y，且 Y 的收益率高于 X，意味着 Y 对应的解优于 X 对应的解，于是跟随蜂就会放弃食物源 X 而选择食物源 Y，否则放弃 Y 保留 X。这种行为称为局部寻优。蜂群算法正是通过各人工蜂个体的局部寻优行为，使全局最优解逐步显现出来，而且蜂群算法有着较快的收敛速度。

在蜂群算法中，引领蜂有保持优质食物源的作用；跟随蜂增加了较好食物源对应的蜜蜂数，能加快算法的收敛速度；侦察蜂随机搜索新食物源，有助于算法跳出局部最优。蜂群算法通过不断进行蜜蜂的角色转换和执行行为模式，最终找到最丰富的食物源。

练 一 练

▶️ 如果蜂巢坐北朝南，蜜源位于正南方 100 米以外。在上午 10 时，蜜源位于太阳 _____ 方的一定角度，舞蹈蜂在直线爬行摆动腹部时，头朝上向 _____ 偏与重力线呈同样的角度；12 时，太阳、蜜源与蜂箱呈一条直线，蜜蜂在直线爬行摆动腹部时，头朝上与重力线 _____；16 时，蜜源、蜂箱与太阳呈 90 度角，舞蹈蜂的头向 _____ 偏与重力线也呈 90 度角。

▶️ 试用程序框图描述蜂群算法中各类蜜蜂的行为模式。

个体协同产生的群体智能

群体智能最主要的特点是：不存在一个高高在上的"指挥中心"，每个个体的行为都遵循简单的经验规则，而且只对局部的信息做出反应；但是当这些个体一起协同工作时，却呈现出非常复杂的高明策略。下面我们来分析几种著名优化算法所模拟的生物群体，看看这些群体中的个体如何以简单的行为规则形成奇妙的群体智能。

鱼群的行为规则

在一片水域中，鱼生存数目最多的地方往往就是本水域中营养物质最多的地方。从优化的角度看，营养物质最多的地方就是鱼群觅食问题的最优解。根据鱼群的这一群体智能特点，研究人员提出了人工鱼群算法，通过模仿鱼的个体行为实现寻优。

那么，鱼群究竟是如何寻优的呢？观察鱼类的生活习性和行为规律，可以发现鱼类有以下 4 种典型行为。

（1）觅食行为

一般情况下鱼在水中随机地自由游动，当发现食物时，则会向食物逐渐增多的方向快速游去。

（2）聚群行为

为了保证自身的安全和躲避危害，鱼在游动过程中会自然地聚集成群。鱼聚群时不是依靠有意识的组织和调度而形成整体，而是遵守 3 条简单的规则：分隔规则，尽量避免与邻近伙伴过于拥挤；对准规则，尽量与邻近伙伴的平均方向一致；内聚规则，尽量朝临近伙伴的中心移动。当每条鱼都遵守以上规则游动时，便形成了整群鱼特定的自组织方式。每条鱼都能通过它周围邻居的行动来感知发生了什么，一条鱼发现了食物，信息会很快在一群鱼中传播开来，整群鱼会形成集体觅食的效果；一旦危险到来，鱼群边缘的鱼就会有快速逃避的行动，带动整群鱼产生倏忽的散聚。

图片来源：https://huaban.com/pins/121461084/

（3）追尾行为

当鱼群中的一条或几条鱼发现食物时，其临近的伙伴会尾随其快速地到达食物点。

（4）随机行为

单独的鱼在水中通常都是随机游动的，这样可以更大范围地寻找食物点或身边的伙伴。

虽然每条鱼所遵循的行为规则都非常简单，但却能使鱼群整体呈现出较高的智能。

▶▶ 鸟群的信息分享

假设一群鸟飞出鸟巢去找食物，每一只鸟都知道自己离食物的距离有多远，却都不知道食物在哪个方向，所以各自在空中漫无目的地搜索。

怎样才能很快地找到食物呢？鸟群采用了一种非常简单有效的策略：每过一段时间，大家共享各自与食物的距离，看看谁离食物的距离最近，一旦确定某只鸟离食物最近，大家就修改自己的飞行速度和方向，向那只幸运的鸟的位置靠拢，并在其周围继续搜索食物。用这样的策略可以不断地缩短与食物的距离，直到找到食物。

离食物最近

源于对鸟群觅食行为的研究，人们提出了粒子群优化（Particle Swarm Optimization，PSO）算法。粒子群中的每一个粒子都模拟鸟群中的鸟，具有速度和位置两个属性，速度代表移动的快慢，位置代表移动的方向。每个粒子都可看作 N 维搜索空间中的一个搜索个体，粒子的当前位置对应优化问题的一个候选解。粒子群优化算法的核心思想是利用粒子群中的个体对信息的共享，使得整个群体的运动产生从无序到有序的演化过程，从而获得问题的最优解。

>> 狼群的团队精神

严酷的生活环境和千百年的进化造就了狼群严密的组织系统及其精妙的协作捕猎方式。

（1）狼群的角色分工

头狼是在"弱肉强食""胜者为王"等竞争策略中产生的首领。头狼不断地根据狼群所感知到的信息进行决策，既要避免狼群陷入危险境地，又要指挥狼群以期尽快地捕获猎物；探狼在猎物的可能活动范围内游猎，根据猎物留下的气味进行自主决策，气味越浓表明狼离猎物越近，探狼始终朝着气味最浓的方向搜寻，一旦发现猎物踪迹，会立即向头狼报告；猛狼听命于头狼的召唤，来对猎物进行围攻。

（2）猎物分配规则

捕获猎物后，狼群并不是平均地分配猎物，而是按"论功行赏、由强到弱"的方式分配，即先将猎物分配给最先发现、捕到猎物的强壮的狼，而后再分配给弱小的狼。这种近乎残酷的食物分配方式可保证有能力捕到猎物的狼获得充足的食物，进而保持其强健的体质，在下次捕猎时仍可顺利地捕到猎物，从而维持狼群主体的延续和发展。

学者们受这种优化策略的启发提出了狼群算法。狼群算法将狼群的捕猎活动抽象为3种智能行为，即游走行为、召唤行为、围攻行为，以及"胜者为王"

的头狼产生规则和"强者生存"的狼群更新机制。

（1）"胜者为王"的头狼产生规则

在初始解空间中，由具有最优目标函数值的人工狼担任头狼；在迭代过程中，将每次迭代后最优狼的目标函数值与前一代中头狼的目标函数值进行比较，若更优则取代前一代头狼的位置。

（2）"强者生存"的狼群更新机制

按照"由强到弱"的原则进行猎物分配将导致弱小的狼会被饿死，因此在狼群算法中去除目标函数值最差的人工狼，同时随机产生新的人工狼。

在整个狼群捕猎活动中，头狼、探狼和猛狼间的默契配合成就了狼群近乎完美的捕猎行动，而"由强到弱"的猎物分配规则又促使狼群向最有可能再次捕获到猎物的方向繁衍发展。

实践活动

❯❯观察野外蚂蚁觅食活动。

首先找到一个蚂蚁窝，然后取一些面包屑放在有蚂蚁活动的地方，尽量使面包屑靠近其中的少数蚂蚁，以便于它们发现，此时相当于系统中存在一个最优解，蚂蚁觅食的过程就是寻找最优解的过程。仔细观察蚂蚁的行为，探究以下问题。

图片来源：《马鞍山日报》，2014-11-17

①蚂蚁找到面包屑后有何举动？

②其他蚂蚁是否向面包屑聚集？

③是否形成众多蚂蚁搬移食物的现象？搬运的路径是否为最短路径？

向其他同学描述你观察到的蚂蚁觅食过程，对蚂蚁行为做出解释。

提示：请提前准备面包屑、放大镜、相机、镊子（夹取蚂蚁及其食物用）。

◈ 观察池塘中鱼群的觅食活动。

找到一个有鱼的池塘，向池塘中多处投放面包屑，其中一处的面包屑明显多于其他几处，此时相当于系统中存在多个解，其中一个是最优解。观察整个鱼群的反应，探究它们如何通过随机行为、觅食行为、聚群行为、追尾行为最终搜索到最优解。

图片来源：http://blog.sina.com.cn/s/blog_4bc62fa00100b08l.html

◈ 总结蚁群、蜂群、鱼群、鸟群、狼群在觅食活动中的通信方式，说出这些通信方式各自的特点，填写在表9-1中。

表 9-1　各生物群的通信方式及其主要特点

生物群	通信方式	主要特点
蚁群		
蜂群		
鱼群		
鸟群		
狼群		

◈ 除了本章介绍的生物群，还有很多呈现出群体智能的生物群，它们启发了各种有趣的优化算法。请查询相关文献，了解并描述下图中一种算法所模拟的个体行为。

(a) 模拟青蛙跳跃的蛙跳算法（SFLA）

(b) 模拟蝙蝠回声发射与检测的蝙蝠算法(BA)

(c) 模拟萤火虫闪烁特性的萤火虫算法(FA)

(d) 受鸽群自主归巢行为启发的鸽群(PIO)算法

图片来源：中国信鸽信息网

第十章

进化智能

常规寻优方法的瓶颈

我们在生活、学习和工作中经常需要寻求一些问题的最优解决方案，这样的问题称为寻优问题。

例如，在确保质量的前提下，如何使完成某项任务所需的成本最低？在成本不变的前提下，如何实现效益最大化？这些问题都属于寻优问题。

上述问题中提到的"前提"又称为约束条件；而"成本"和"效益"则称为目标。由于目标值 y 是由一组参数 $x_1, x_2, \cdots, x_n$ 共同决定的，即目标值是一组参数的函数 $y=f(x_1, x_2, \cdots, x_n)$，所以 y 又称为目标函数。

寻优问题可以描述为：在一定约束条件下，应该如何寻找一组最佳参数值 $x_1, x_2, \cdots, x_n$，以使目标函数 y 达到最优值（最大值或最小值）。

寻找问题最优解通常有 3 类方法，分别称为梯度法、枚举法和随机搜索法。

▶▶ 梯度法寻优

图 10-1 给出了一个三维空间的目标函数。可以看出，函数曲面就像一片起伏的山脉，在某些点位"山势陡峭"，目标函数值变化很快，而在另一些点位"山势平坦"，目标函数值几乎没有变化。

数学上用梯度来描述函数在各点的变化趋势，梯度为正值时表示函数曲面在该点呈"上坡"形态，梯度为负值时表示函数曲面在该点呈"下坡"形态。

梯度值越大表示该点的函数值变化率越大；在梯度值为零的点位，函数值没有变化，对应于函数曲面上的"山顶"或"谷底"位置。显然，如果能寻求一组使目标函数的梯度为零的参数，这组参数对应的最大值或最小值即目标函数的最优解。

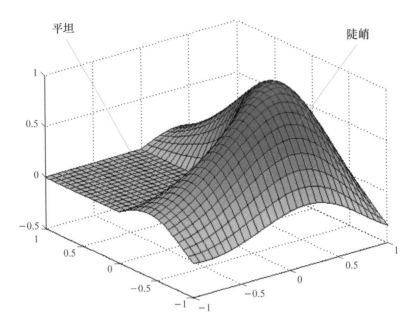

图 10-1　一个三维空间的目标函数

　　梯度法寻优的基本思想如同盲人下山（或上山）。以下山为例，从当前位置出发，沿着这个位置高度下降最快的方向走，每走一步都再次确认新的最陡下降方向，最后就能成功下山。

　　可以想象，当目标函数曲面的"山势"比较复杂时，会存在多个"山顶"和"谷底"（图 10-2），其共同特点都是梯度为零。显然，基于梯度法的寻优结果与初始位置相关，因此这位盲人难免会遇到这种情况：终于到达了某个梯度为零的"谷底"，但实际上他并没有成功下山，因为这只是位于半山腰的一片洼地！

　　数学上将目标函数中存在的这类"谷底"或"山顶"的位置称为局部极小点或局部极大点，这些点对应的目标函数值往往不是最优的，还有更优的！用数学语言表达，即这些点对应的目标函数值只是局部最优的，而非全局最优的。

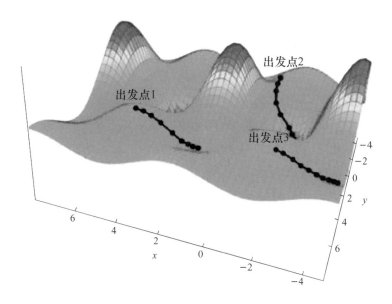

图 10-2　具有多个局部极小点和局部极大点的目标函数

▶ 枚举法寻优

假如需要从 10 首新歌曲中选一首最佳歌曲，枚举法寻优的办法是把每一首歌曲都听一遍，然后决定哪一首最佳。显然，枚举法肯定能寻找到全局最优解，但它最大的缺点是效率太低。对于一个实际问题，常常由于各种可能性太多而无法将所有的情况都

搜索到。因此，对于规模较大或比较复杂的问题，枚举法常常无能为力。

▶ 随机搜索法寻优

由于上述两种寻优方法都有严重缺陷，所以随机搜索法受到人们的青睐。随机搜索即在搜索空间中随机地漫游，并随时记录下所取得的最好结果。出于效率的考虑，往往当搜索到的结果能够满足要求时便终止寻优，因此所得结果只是可用解，而非最优值。

想 一 想

❯❯ 请列举一些你在生活中遇到的寻优问题。

❯❯ 学校要搞一场歌咏比赛，每个班级必须派一名代表参加。音乐老师选了一首歌，让每位同学都唱了一遍，最后选出一位唱得最好的同学。从寻优问题的角度看，老师采用的是哪一种寻优方法？为什么？

❯❯ 小明打算在网上为自己选个U盘，要求包邮，价格在20～30元之间，发货地为同城。网站搜索出数千种满足要求的U盘，小明随机看了十几款，终于选了一款满意的U盘。该寻优问题的约束条件是什么？小明采用的是哪一种寻优方法？为什么？

练 一 练

❯❯ 试用枚举法寻找使二元函数 $f(x_1, x_2)=(x_1-2)^2+(x_2-3)^2$ 取最小值的 x_1 和 x_2。其中，x_1，x_2 的取值范围均为 [1，4] 中的整数。

❯❯ 试用随机搜索法找出使二元函数 $f(x_1, x_2)=(x_1-2)^2+(x_2-3)^2$ 的值在区间 [4,6] 之内的 x_1 和 x_2。

❯❯ 图 10-3 为两个梯度法寻优的示意图。①试解释为什么不同的初始搜索位置会得到不同的结果？ ②若以 C,D 和 E 为初始位置进行搜索，会得到何种结果？请在图 10-3 中标出可能的搜索路径。

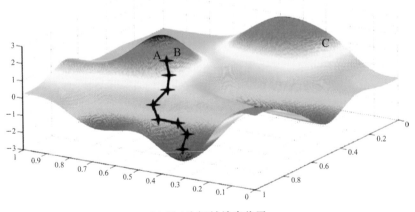

(a) 以A为初始搜索位置

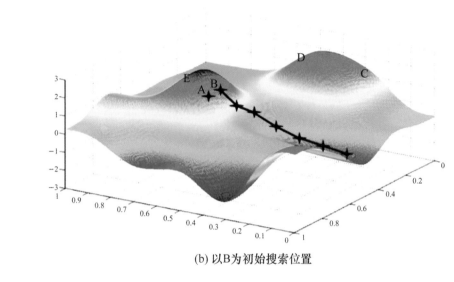

(b) 以B为初始搜索位置

图 10-3　梯度法寻优示意图

第
二
节

Section 2

来自生物进化与基因遗传学说的启发

▶ 进化论简介

达尔文的进化论认为，物种个体的基本特征会通过遗传被后代所继承，但后代又不完全同于父代，这就形成了个体的多样性。在某一自然环境中，不适应环境的生物个体容易被淘汰，而那些能适应环境的优良个体容易生存下来，并通过遗传将适应环境的优良特征保留下来，这就是自然选择、适者生存的原理。

达尔文

生物正是通过遗传、变异和自然选择，从低级到高级，从简单到复杂缓慢地进化着。每一个物种在不断的发展过程中都向着越来越适应环境的方向进化，从工程的观点看，这个漫长的进化过程正是一种颇具智慧的优化过程，而优化过程采用的主要机制是自然选择、优胜劣汰、适者生存。

>> 基因学的观点

孟德尔 (Mendel) 的基因学为进化机制提供了重要的支撑证据。事实上，物竞天择，竞的是"基因"。遗传学说认为遗传作为一种指令码封装在每个细胞中，并以基因的形式包含在染色体中。每个基因都有自己特殊的位置，控制着个体的某个特殊性质，并对环境有一定的适应性。基因杂交和基因突变可能产生对环境适应性更强的后代，通过优胜劣汰的自然选择，适应值高的基因结构就保存下来了。

孟德尔

遗传算法

遗传算法 (Genetic Algorithm，GA) 的灵感来自优胜劣汰、自然选择、适者生存和基因遗传等思想，遗传算法作为一种解决高度复杂问题的新思路和新方法被广泛地应用于许多领域，如函数优化、自动控制、图像识别、机器学习、人工神经网络、分子生物学、优化调度等。

>> 遗传算法的基本原理

遗传算法用编码表示的字符串来代表问题的解，这样的字符串又称为染色体 (chromosome) 串。遗传算法的寻优过程是从一群染色体串开始的，这些染色体串被置于问题的"环境"中，根据适者生存的原则，从中选择出对环境适应能力较强的染色体串进行复制，通过交叉、变异两种基因操作产生更适应环境的新一代染色体种群。随着遗传算法的运行，优良的品质被逐渐地保留并加以组合，从而不断地产生更佳的个体。这一过程就如生物进化，好的特征被不断地继承下来，坏的特性被逐渐地淘汰。新一代个体中包含着上一代个体的大量信息，但新一代个体又不断地在总体特性上胜过上一代，从而使整个群体向前进化发展。对于寻优问题，就是不断地接近问题的最优解。

下面通过一个简单的例子，详细地介绍遗传算法的基本操作过程。

设需要求解的优化问题为：当自变量 x 在 (0 ~ 31] 之间取整数值时，寻找函数 $f(x)=x^2$ 的最大值。枚举法的寻优策略是令 x 取尽所有可能值，观察 x 取何值时得到的函数值最大。对如此简单的问题，尽管枚举法是可靠的，但这是一种效率很低的方法。下面我们试用遗传算法来求解这个问题。

遗传算法的第一步是先进行必要的准备工作，确定染色体串的编码方法并产生初始种群。

首先，要将问题的解 x 编码为有限长度的染色体串。编码的方法很多，这里仅举一种简单易行的方法。针对本例中自变量的定义域，可以考虑采用二进制数来对其进行编码，可用 5 位二进制数，从而使 x 的每一个值都对应一个用二进制数表示的染色体串。例如，$x=10$ 对应二进制数 01010，$x=31$ 对应二进制数 11111，等等。染色体串中的每一个位置都称为一个基因位。

接下来要从 31 个染色体串中随机选出若干个串，构成一个初始种群。对于本例，设初始种群大小为 4，即含有 4 个个体，则需随机生成 4 个二进制串。假如我们通过掷硬币的方法随机生成了 4 个串（01101，11000，01000，10011），这样便完成了遗传算法的准备工作。

下面介绍遗传算法的 3 个基本操作步骤。

（1）选择

选择 (selection) 又称为再生 (reproduction) 或复制 (copy)。所谓选择就是对初始种群中的染色体串进行选择。

那么究竟应该如何进行选择呢？

根据优胜劣汰的原则，应该按照染色体串对问题的适应度 (fitness) 进行选择。直观地看，可以将目标函数视为对收益、功效、利润等指标的量度，其值越大越适应解决问题的需要，即适应度越高。因此，本例可直接将目标函数值用作适应度，通常用 F 表示适应度。

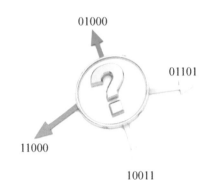

01000

01101

11000

10011

如何选择染色体串示意

所谓按照适应度进行串选择的含义是：适应度越大的串，在下一代中将有更多的机会提供一个或多个子孙。这个操作步骤主要是模仿自然选择现象，将达尔文的适者生存理论运用于串的选择。此时，适应度的值相当于自然界中的某个生物为了生存所具备的各项能力，它决定了该串应该被选择保留还是被选择淘汰。本例中初始种群的个体串及其对应的适应度列于表 10-1 中。

表 10-1　初始种群的个体串、对应的适应度及选择结果

序　号	初始串	x 值	适应度 F	占整体的百分比	期望的选择数	实际得到的选择数
1	01101	13	169	14.0%	0.56	1
2	11000	24	576	49.0%	1.96	2
3	01000	8	64	6.0%	0.24	0
4	10011	19	361	31.0%	1.24	1
总　计			1 170	100.0%	4.00	4
平均值			293	25.0%	1.00	1
最大值			576	49.0%	1.96	2

为了便于理解，下面用一种直观的方法进行串的选择。

我们来设计一个轮盘赌转盘，令初始种群中的每个串都按照其适应度占总体适应度的比例占据盘面上的一块扇区。根据表 10-1 给出的数据，可以绘制出图 10-4 所示的轮盘赌转盘。

按照适应度选择个体串可以通过 4 次旋转这个经划分的转盘来实现。串 1 所占转盘的比例为 14%。因此每转动一次转盘，结果落入串 1 所占区域的概率是 0.14。可见适应度越大的串越容易被选中，因此在下一代中适应度大

的串将有较多的子孙。

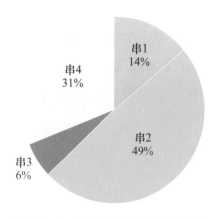

图 10-4 选择操作的轮盘赌转盘

旋转 4 次转盘产生了 4 个串。当一个串被选中时，此串将被完整地复制并添入匹配池，因此这 4 个串是上一代种群的复制。有的串可能被复制一次或多次，有的串可能被淘汰。在本例中，经选择后的新种群为 01101，11000，11000，10011，其中串 1 被复制了一次，串 2 被复制了两次，串 3 被淘汰，串 4 也被复制了一次。

（2）交叉

交叉 (crossover) 操作可以分为两个步骤：第一步是将通过选择产生的匹配池中的成员随机两两匹配；第二步是进行交叉繁殖。具体过程如下。

称串的数字个数为串的长度，用 l 表示，则串的 l 个数字之间的空隙标记为 1，2，…，$l-1$。随机地从 $[1, l-1]$ 中选取一整数 k，则将两个父母串中从位置 k 到串末尾的子串互相交换，从而形成两个新串。例如，本例中种群的两个个体为

$$A_1 = 0\,1\,1\,0\,\vdots\,1$$
$$A_2 = 1\,1\,0\,0\,\vdots\,0$$

从 1 ~ 4 间随机选取一个数 k，假定 $k=4$，那么经过交叉操作之后将得到两个新串：

$$A_1' = 0\,1\,1\,0\,0$$
$$A_2' = 1\,1\,0\,0\,1$$

新串 A_1' 和 A_2' 是由父母串 A_1 和 A_2 将第 5 位进行交换后得到的结果。

表 10-2 归纳了本例进行交叉操作前后的结果，从表中可以看出交叉操

作的具体步骤。首先随机地将匹配池中的个体配对，结果为串 1 和串 2 配对，串 3 和串 4 配对。此外，表 10-2 还给出了随机选取的交叉点的位置：串 1(01101) 和串 2(11000) 的交叉点为 4，两者只交换最后一位，从而生成两个新串 01100 和 11001；剩下的两个串在位置 2 交叉，结果生成两个新串 11011 和 10000。

表 10-2 交叉操作

新串号	匹配池	匹配对象	交叉点	新种群	x 值	适应度 F
1	01101	2	4	01100	12	144
2	11000	1	4	11001	25	625
3	11000	4	2	11011	27	729
4	10011	3	2	10000	16	256
总　计						1 754
平均值						439
最大值						729

（3）变异

变异 (mutation) 是指以很小的概率随机地改变染色体串中一个串位的值，使其发生基因突变，从而产生新的染色体。如对于二进制串，即将某个随机选取的串位由 1 变为 0，或由 0 变为 1。

变异的概率通常是很小的，一般只有千分之几。变异操作相对于选择和交叉操作而言，处于相对次要的地位，其目的是防止丢失一些有用的遗传因子。本例的整个种群总共有 20 个串位，设变异概率为 0.001，则期望的变异串位数为 $20 \times 0.001 = 0.02$ 位，所以本例中无串位值的改变。

从表 10-1 和表 10-2 可以看出，在经过一次选择、交叉和变异操作后，新一代种群的最优目标函数值和平均目标函数值均有所提高。种群的平均适应度从 293 增至 439，最大的适应度从 576 增至 729。可见每经过一次这样的遗传算法步骤，问题的解便朝着最优解方向前进了一步。显然，只要这个过程一直进行下去，问题的解将最终走向全局最优解，每一步操作都是非常简单的，而且对问题的依赖性很小。

图 10-5 描述了一轮进化的全过程。

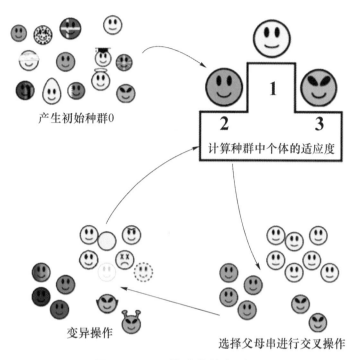

图 10-5　一轮进化的全过程

体验遗传算法

本节通过一个示例让同学们体验一下遗传算法的操作过程。

寻找使二元函数 $f(x_1, x_2) = (x_1-2)^2 + (x_2-3)^2$ 取最小值的 x_1 和 x_2。其中，x_1，x_2 的取值范围均为 [1，6] 中的整数。在遗传算法中以个体串适应度的大小来评定其优劣程度，从而决定其遗传机会的大小。本例中，以求函数最小值为优化目标，故不能直接利用目标函数值作为个体的适应度，可设 $F=1/[1+f(x_1，x_2)]$。

试完成两轮遗传算法的基本操作，体会遗传算法的寻优原理。

第一轮操作过程示范如下。

(1) 染色体编码

遗传算法的运算对象是表示染色体的符号串，所以必须把自变量 x_1 和 x_2 编码为一个符号串。因 x_1，x_2 均为 [1，6] 之间的整数，可以分别用 3 位二进制数来表示，然后将它们串接在一起组成一个 6 位二进制数，表示问题的一个可行解。例如，当 $x = 5$，$y = 6$ 时，对应的染色体串为 101110。

(2) 产生初始种群

种群的大小可选为 4，每个个体串都可通过随机方法产生。

(3) 计算适应度

计算个体串适应度的大小以决定其遗传机会。

(4) 选择操作

采用与适应度成正比的概率来确定每个染色体串被选择进入下一代种群的数量。方法是：

① 计算种群中所有个体串的适应度总和；

② 计算每个个体的适应度占总和的百分比 (即相对适应度)，以此作为每个个体串的选择概率；

③ 选择操作可以通过旋转轮盘赌转盘来实现，也可以用计算机程序来实现。用计算机程序实现的方法是，首先产生 0~1 之间均匀分布的随机数，若某个体串的选择概率为 40%，则当产生的随机数在 0~0.4 之间时该串被选择，否则该串被淘汰。

计算机程序产生一个 0~1 之间的随机数，依据该随机数出现在哪一个概率区域内来确定各个个体被选中的次数。

请整理随机产生的种群的初始串、对应的适应度以及选择操作的结果，并填写在表 10-3 中。

表 10-3　初始串、对应的适应度以及选择操作的结果

序　号	初始串	x_1, x_2	适应度 F	占整体的百分比	期望的选择数	实际得到的选择数
1						
2						
3						
4						
总　计						
平均值						
最大值						

(5) 交叉操作

先对匹配池中的个体串进行随机配对，然后随机选定交叉点位置，最后相互交换配对染色体之间的部分基因。将交叉操作前后的结果填入表 10-4 中。

表 10-4　交叉操作前后的结果

新串号	匹配池	匹配对象	交叉点	新种群	x_1, x_2	适应度 F
1						
2						
3						

续 表

新串号	匹配池	匹配对象	交叉点	新种群	x_1, x_2	适应度 F
4						
		总　计				
		平均值				
		最大值				

(6) 变异操作

变异操作是指对个体的某一个位置上的基因值按某一较小的概率进行改变。具体实施办法是，首先随机产生各个个体的基因变异位置，然后依照某一小概率将变异点的原有基因值取反 (0 变 1，或 1 变 0)。

对初始种群进行一轮选择、交叉、变异操作后可得到新一代种群，将新种群的适应度值填入表 10-5 中，观察经过一轮进化之后，其适应度的最大值、平均值是否得到了明显的改进。

表 10-5　新种群的适应度值

序　号	初始串	x_1, x_2	适应度 F	占整体的百分比
1				
2				
3				
4				
	总　计			
	平均值			
	最大值			

对于复杂的优化问题，需规定遗传算法的收敛条件，可事先规定一个可接受的优化解，或规定进化多少代以后就停止。图 10-6 给出了遗传算法的程序框图，请尝试参考第一轮的步骤和程序框图独立完成第二轮进化的计算。

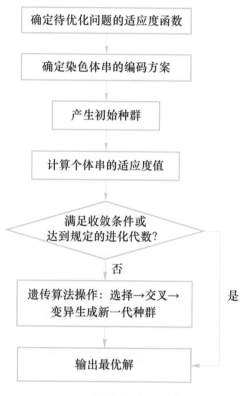

图 10-6 遗传算法的程序框图

遗传算法将自然生物系统的重要机理运用到人工系统的设计中，与其他寻优算法相比，它的主要特点可以归纳为：

① 遗传算法对参数的编码进行操作，而不是对参数本身；

② 遗传算法是从许多初始点开始并行操作的，而不是从一个点开始的，因而可以有效地防止搜索过程收敛于局部最优解，而且有较大的可能求得全局最优解；

③ 遗传算法通过目标函数来计算适应度，而不需要其他的推导和附属信息，从而对问题的依赖性较小；

④ 遗传算法使用概率的转变规则，而不是确定性的规则；

⑤ 遗传算法在解空间进行启发式搜索，其搜索效率往往优于其他方法；

⑥ 遗传算法对于待寻优的函数基本无限制，因而应用范围很广；

⑦ 遗传算法更适合大规模复杂问题的优化。

后 记

如何设计中小学人工智能教材的教学内容？如何定位该课程的教学目标？这是"在中小学阶段设置人工智能相关课程"的实践中必须解决的共性问题，需要从事人工智能教学与科研的相关组织进行深入研究并给出可行的解决方案。

从目前的情况看，适合中小学的人工智能教育资源极度匮乏。从已经面世的种类有限的教材看，它们存在两种倾向：一种是试图向基础知识远不完备的中小学学生科普艰深的 AI 技术；另一种则干脆将近年流行的创客教育机器人、3D 打印等课程改称为 AI 课程，混淆了基本概念，给师生以误导。

中小学人工智能教材作为一种面向青少年乃至全社会的科普读物，仅仅依靠中小学教育工作者是不够的，需要人工智能领域的科技工作者和人工智能产业的企业家们积极加盟、密切协作、共同出力。作为在人工智能领域从业二十多年的科技工作者，我深感自己有责任和义务为人工智能的普及尽一份薄力，这正是尝试编写这套人工智能中学版教材的初衷。

考虑目前中小学人工智能课程尚未形成标准体系，并且各学校开设人工智能课程的基本条件差别较大，权将本教材定位为中学版教材，以便于各学校根据师资条件和课程计划因地制宜，既可以从初中阶段开始学习，也可以从高中阶段开始学习。

作为高校教师，我对中学教材的特点以及中学生的认知能力并不熟悉，为此参考了多种版本的中学生物、历史、地理、信息技术等课程的教材，受到很多启发。尽管如此，我对编写这样一套无从参考和借鉴的中学版人工智能教材仍然心存忐忑。为此，在教材的编写过程中，每完成一章初稿，我都会了解中学生甚至小学高年级学生的阅读体验，征求他们的意见，然后再进行修改。

本书所选的部分图片来源于网络转载，其中能够找到出处的均在书中予以标注，部分图片无法找到原始出处，在此一并向原作者致以诚挚的谢意！

作　者

于 2019 年 7 月